Legged Robots That Balance
足式机器人平衡控制技术

［美］马克·H. 雷波特（Marc H. Raibert） 著
苏 波 邢伯阳 江 磊 等译

国防工业出版社
·北京·

内 容 简 介

本书主要围绕美国国防高级研究计划局支持下，Marc H. Raibert 教授在卡内基梅隆大学 Leg 实验室，针对足式机器人动态平衡技术开展的研究工作。书中以解耦为核心控制思想并逐步展开，对力伺服控制、柔顺控制和虚拟腿等至今仍然用于仿生机器人动态平衡中的核心技术进行了着重介绍。

本书适合不同知识水平的读者了解足式机器人最基本、最核心的控制理念，书中内容深入浅出，尤其适合对足式机器人感兴趣且准备入门的研究人员。

著作权合同登记　　图字:01-2022-5981 号

图书在版编目(CIP)数据

足式机器人平衡控制技术/(美)马克·H. 雷波特(Marc H. Raibert)著;苏波等译. —北京:国防工业出版社,2022.12

书名原文:Legged Robots That Balance

ISBN 978-7-118-12831-4

Ⅰ.①足⋯ Ⅱ.①马⋯ ②苏⋯ Ⅲ.①机器人控制-研究 Ⅳ.①TP24

中国国家版本馆 CIP 数据核字(2023)第 022159 号

Legged Robots That Balance by Marc H. Raibert

ISBN 978-0-262-18117-4

© 1986 Massachusetts Institute of Technology

All rights reserved

本书简体中文版由 The MIT Press 授权国防工业出版社独家出版。
版权所有，侵权必究。

※

*国防工业出版社*出版发行
(北京市海淀区紫竹院南路 23 号　邮政编码 100048)
三河市众誉天成印务有限公司印刷
新华书店经售

开本 710×1000　1/16　印张 10¾　字数 182 千字
2022 年 12 月第 1 版第 1 次印刷　印数 1—2000 册　定价 92.00 元

(本书如有印装错误，我社负责调换)

国防书店:(010)88540777　　书店传真:(010)88540776
发行业务:(010)88540717　　发行传真:(010)88540762

译审委员会

首席专家 苏 波

技术顾问 江 磊　许 威　党睿娜　姚其昌　许 鹏

主　　任 邢伯阳

副 主 任 于宪元　刘宇飞　王志瑞　梁振杰　慕林栋

翻译人员（排名不分先后）

　　　　　　李宇峰　吕 奕　潘韫哲　刘明源　彭 飞
　　　　　　廖铉泓　邱天奇　闫 瞳　赵建新　田 翀
　　　　　　蒋云峰　汪建兵　郭 亮　邓秦丹　降晨星
　　　　　　侯茂新　逯益夏　朱 兰　曹 慧

译者序

本书介绍了麻省理工学院人工智能实验室在早期原型样机上开展的足式机器人相关研究，为读者介绍了足式机器人典型的弹跳、奔跑和空翻步态控制策略与逻辑，从最简单的单腿模型到复杂多腿协调控制策略。书中围绕仿生机理、解耦控制思想和倒立摆模型描述了如何实现机器人的跳跃与动态平衡。

本书重点围绕美国国防高级研究计划局支持下 Marc H. Raibert 教授在卡内基梅隆大学 Leg 实验室围绕仿生足式机器人动态平衡技术的研究历程。足式机器人按照其"腿部"的数量不同可以分为单腿机器人、双足机器人和多足机器人，本书以解耦思想为核心围绕上述足式机器人的核心控制问题逐步展开，适合于不同知识水平的读者了解仿生足式机器人最基本、最核心的控制理念，并对力伺服控制、柔顺控制和虚拟腿等至今仍然用于仿生机器人动态平衡中的核心技术进行了着重的介绍。

本书被国内很多从业者称为入门足式机器人控制技术的"圣经"，Marc H. Raibert 教授编写的著作介绍了其在 MIT 和 Leg 实验室中的重要理论性成果，引领了近十年来仿生足式机器人动态平衡控制的发展和研究方向。Raibert 教授更创建了著名的波士顿动力公司，研制出了 WildCat 猎豹机器人、SpotMini 四足机器人、Altas 双足机器人。本书虽然出版时间较早，但书中相关控制思想仍然能够推广至无人车或无人机系统中。本书翻译团队长期从事仿生足式机器人领域工作研究，并非专业的英文著作译者，因此对于书中众多概念结合了团队在从事机器人开发和算法研究中的理解，欢迎读者就书中的内容与我们取得联系，一起探讨。

序

人工智能是利用数字计算的思想和方法研究智能的学科。然而,目前对智力和智能尚无明确的定义标准,智力或智能似乎是庞大的综合信息处理和表征能力的混合体。

当然,心理学、哲学、语言学等相关学科的研究都为智能的定义提供了不同的视角和描述方法。然而,在很大程度上,本书中所提出的理论并不是非常完善的,其中很多概念性的理念无法采用公式描述,因此人们还需要更多的相关研究,即使是从传统理论中总结出的任何有价值的想法,都为进一步验证智能的存在提供了可能性。

人工智能提供了新的视角和新的方法,其核心目标是让计算机系统变得更加智能化,这既是为了让它们更有用,也是为了理解智能形成的机理。显而易见,在未来,智能计算机将被广泛应用,但更值得注意的是人工智能的目标是用计算的思想和方法来理解智能,从而为智能理论的构建提供一个全新的视角。大多数人工智能方向的研究人员都认为这些理论将适用于任何形式的智能信息处理器。

还有一些问题我们也需要注意到,任何能够成功模拟智能的程序,哪怕只是实现智能的一小部分,其本身都是庞大而复杂的。人工智能在未来的发展将不断面临计算机科学技术发展水平的限制,而在此过程中研究人员遇到的问题将会极具挑战但也非常有研究意义,足以诱使满腔热情的人工智能学者来解决这些技术问题。因此,人工智能与计算机科学间相辅相成的研究是非常顺其自然的,而且这样的趋势在近年来也没有减弱的迹象。

麻省理工学院人工智能机构旨在为多个领域的技术人员(包括专业人士和学生)提供世界各地与人工智能相关的最新研究和最详细的信息与研究进展。

Patrick Henry Winston
Michael Brady

前 言

我第一次对生物行走与运动能力感兴趣是在 1974 年,当时我还是麻省理工学院的一名研究生。Berthold Horn 和 Mitch Weiss 一直认为生物的腿就像车轮的辐条,所以他们把轮胎边缘从一个转动的车轮上取下来,让它滚下坡道看看会有什么效果。虽然这样的改变并不是很大,但它让我想到了腿与身体运动间的某种关系。无框车轮在滚动时由于辐条太硬,所以支撑点在地面上停留的时间不够长,没有给轮毂转动的机会。我从 Emilio Bizzi 那里了解到,肌肉和肌腱的弹性特性在控制动物肢体运动方面发挥了重要作用,因此在我看来,如果辐条也有一定的弹性,那么其滚动的效果将会更好。无框车轮的另一个问题是缺乏保持直立的能力,所以它在滚动一两步之后就倾倒了,可见它需要一个主动平衡的机制来维持持续滚动。直到 1979 年,我才有机会进一步探讨这个问题,当 Ivan Sutherland 鼓励我在他的系里策划一个机器人项目时,我正作为访问学者在加州理工学院负责一门机器人课程。我向他提到,让计算机控制弹跳的杆是一个学习平衡控制最基础的模型,它可能会让我们对腿部运动产生基本理解。令我吃惊的是他把这个想法当真了,在 Sutherland 创业基金的资金和 Elmer Szombathy 的大力帮助下,我建造了一台最基本的机器人原型,它可以像单条弹簧腿一样跳跃和平衡(图 0.1)。1980 年,Sutherland 和我向 Craig Fields 展示了这台机器人,当时我用一个旧行李箱把它带到了华盛顿,美国国防高级研究计划局只用了不到一个月的时间就支持了这个项目,并启动了一个关于步行车辆的国家级研究计划项目。1981 年,我搬到匹兹堡,在卡内基梅隆大学建立了 Leg 实验室,我和同事们在那里同样完成了几台机器人原型,然后又设计了其他几台机器人。这本书就是关于这些机器人的,以及围绕它们来理解令人着迷的腿部运动问题所取得的理论进展。

不幸的是,腿部系统的动态行为很难通过静态图片展示出来。为了弥补这一局限,我剪辑了一盘录像带,作为本书的附录。它包括书中描述的几个计算机仿真的资料。其中,视频影像带时长大约 15min,复制版可以从麻省理工学院出版社获得。

要逐一感谢所有为这本书做出贡献的人是不可能的。首先特别感谢 Leg 实验室的成员,他们做出了各种贡献,特别是 Ben Brown 和 Michael Chepponis。Ivan Sutherland 帮助启动了这项研究,并将继续成为我们主要研究灵感的来源。

同样，在与 Matt Mason 进行激烈讨论的过程中，我也更好地描述清楚了书中的几个技术问题。

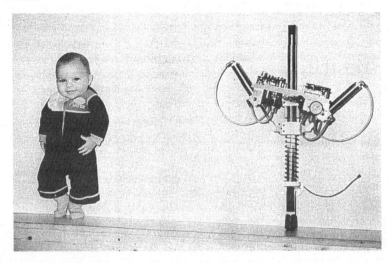

图0.1　早期单条弹簧腿样机

我要感谢 Craig Fields、Clint Kelly 和 Charlie Smith，他们关于腿足式平台的想法激发了我们的想象力。

通过他们的支持，以及所属机构、国防高级研究计划局和基金会的支持，使这项工作成为可能。

许多同事和学生为编辑本书的全部或部分内容提供了很大的帮助。他们包括 Ben Brown、Nancy Cornelius、Matt Mason、Ken Goldberg、Ivan Sutherland，特别是 Michael Chepponis 和 Jessica Hodgins。Ivor Durham 的 PLOT 程序生成了文本中使用的图表。Ivor 专门为这本书的内容做了几处补充和修改，我对此特别感激。这些插图是由 Steve Talkington 绘制的，Michael Ullner 编写了排版宏，Roberto Minio 帮助了排版，Sylvia Brahm 在许多方面做出了贡献。

最后，我要感谢我的家人 Nancy、Matthew 和 Linda，感谢他们在整个项目过程中给予我的关爱和支持。

Marc H. Raibert
匹兹堡
宾夕法尼亚州
1985 年 10 月

目 录

第1章 简介 ... 1
1.1 为什么研究足式机器人？ ... 1
1.2 动态平衡与稳定控制 ... 3
1.3 足式机器人的研究历史 ... 4
1.4 动态平衡技术研究历史 ... 7
1.5 奔跑的机器人 ... 10
1.6 奔跑控制的三个要素 ... 12
1.7 三维空间运动 ... 12
1.8 多腿机器人的奔跑运动 ... 14
1.9 机器人与动物运动中的相似性与对称性 ... 16

第2章 平面单腿弹跳控制 ... 19
2.1 二维约束下的单腿跳跃机器人机构设计 ... 20
    2.1.1 单腿机构设计 ... 22
    2.1.2 跳跃的步骤与过程 ... 23
2.2 跳跃运动的三段式控制 ... 25
    2.2.1 跳跃的高度控制 ... 25
    2.2.2 循环跳跃与状态切换 ... 27
    2.2.3 前行速度控制 ... 28
    2.2.4 对称与不对称 ... 30
    2.2.5 落足点选择算法 ... 31
    2.2.6 控制机体姿态 ... 32
2.3 单腿跳跃实验 ... 33
    2.3.1 速度控制结果 ... 33
    2.3.2 位置与轨迹控制 ... 35

2.3.3　跳跃实验 ··· 35
2.4　算法局限性与改进 ··· 36

第3章　在三维空间中的跳跃 ··· 40
3.1　三维空间中的平衡控制 ·· 41
3.2　3D 单腿跳跃机器人 ·· 44
3.3　3D 单腿跳跃机器人的控制系统 ·· 48
　　3.3.1　前向速度控制 ··· 48
　　3.3.2　腿运动与前向速度估计 ·· 49
　　3.3.3　控制机体的姿态 ·· 49
3.4　三维空间中的跳跃实验 ·· 50
　　3.4.1　速率控制 ·· 50
　　3.4.2　位置控制 ·· 52
　　3.4.3　圆形奔跑 ·· 54
附录 3A　3D 单腿跳跃机器人的运动学 ······································· 56

第4章　奔跑的双足和四足机器人 ··· 59
4.1　单腿稳定控制方法 ·· 60
　　4.1.1　二维平面约束下的双足机器人 ································· 60
　　4.1.2　采用单腿简化模型控制的四足机器人 ······················· 63
4.2　虚拟腿概念 ·· 64
4.3　基于虚拟腿的四足机器人步态实验 ······································ 66
　　4.3.1　单腿算法 ·· 68
　　4.3.2　虚拟腿理论的实现 ·· 69
4.4　四足机器人控制方法讨论 ··· 71
附录 4A　虚拟腿的静力平衡 ··· 73

第5章　奔跑中的对称性 ·· 76
5.1　对称结构力学 ·· 77
5.2　单腿对称运动 ·· 77
5.3　非对称步态 ·· 80

5.4　多腿运动的对称性 ·· 81
5.5　动物奔跑中的对称性 ·· 83
5.6　生成对称运动 ··· 87
5.7　剪切对称 ··· 88
5.8　奔跑中的反对称性 ··· 89
5.9　对称性的意义 ··· 90
附录 5A　平面系统的运动方程 ·· 92
　　5A.1　平面单腿系统的运动方程 ··································· 92
　　5A.2　平面双腿系统的运动方程 ··································· 93
附录 5B　对称腿运动的证明 ·· 94

第 6 章　步态控制模型的替代方案方法　96

6.1　跳跃控制更深入的分析 ·· 96
　　6.1.1　被控对象的模型 ··· 96
　　6.1.2　跳跃模型 ··· 98
　　6.1.3　跳跃能量设计 ··· 99
　　6.1.4　跳跃的仿真实验 ··· 100
　　6.1.5　跳跃控制策略 ··· 103
6.2　运动的三个控制要素 ·· 103
　　6.2.1　腿部摆动控制与落足点选择算法 ····························· 104
　　6.2.2　腿部摆动的实现 ··· 105
　　6.2.3　仿真结果 ··· 106
6.3　四足动物的奔跑控制 ·· 108
　　6.3.1　机体坐标系与世界坐标系 ··································· 109
　　6.3.2　跳跃周期与切换 ··· 109
　　6.3.3　腿部机构的协调运动 ······································· 109
　　6.3.4　速度控制 ··· 110
　　6.3.5　姿态控制 ··· 111
　　6.3.6　摆动交替 ··· 112
　　6.3.7　多条腿间的协调运动 ······································· 114
附录 6A　平面单腿模型的运动方程 ···································· 116

第 7 章　运动控制之查表法　118

7.1　查表法控制的研究背景 ·· 118
7.2　控制问题 ··· 119

7.3 查表法控制策略 ·· 121
7.4 表格数据的多项式逼近 ·· 123
附录 7A 查表法性能指标最小化 ····································· 127
附录 7B 多项式拟合性能指标最小化 ································· 128

第 8 章 动物与足式机器人 ·· 129

8.1 动物的运动能力实验 ·· 129
 8.1.1 以机器人控制算法出发的动物实验 ······················ 129
 8.1.2 理论体系 ·· 133
8.2 发展实用的足式机器人 ·· 134
8.3 跑步与杂耍非常相似 ·· 135
8.4 足式运动与机械臂控制是否具有共同点？ ······················ 136

参考文献 ··· 138

第1章 简　　介

本书主要内容是介绍机器人如何依靠腿足机构实现奔跑,同时介绍了许多在实验室中依靠腿足机构实现动态平衡的机器人。研究这些机器人的目的是探索腿足式步态运动原理,特别是稳定控制和动态平衡技术。这些原理可以帮助我们理解动物奔跑中的仿生机理,并用于构建真正具有应用价值的足式机器人。

本章将解释为什么研究腿足步态运动原理具有重要的意义,同时为读者介绍关于足式机器人的基础知识和相关研究背景。

1.1　为什么研究足式机器人?

除了相比于设计轮履式机器人更有挑战外,构建一个足式机器人还有以下两个重要原因。一个是其运动能力更加优越,轮履式机器人在平整的地形(如轨道和道路)上具有卓越的性能,但面向野外复杂地形,足式机器人具有更好的通过性。事实上,除了城市地形,世界绝大区域都没有铺设道路,因此轮履式机器人只能到达地球上大约一半的区域,而采用腿足移动的动物却早已遍布全球。因此,设计一个足式机器人既具有挑战性也很有研究价值。

另一个重要原因,相比轮履式机器人,足式机器人在崎岖的地形中具有更好的机动性,其最主要的原因是它们采用离散的点接触来实现支撑并提供前进牵引力,因此足式机器人的运动能力往往受限于当前地形下的接触支撑点,而轮履则受地形整体崎岖程度的限制。举一个最简单的爬楼梯例子,轮履式机器人理论上很难实现爬楼梯,而足式机器人则可以模仿人类采用有限的支撑点来实现攀爬,并不需要连续平面支撑,因此其仅需要离散的支撑点就可以可通过非结构化的地形(图1.1)。

足式机器人的优点是机器人本体和腿足机构的运动是解耦的,从而可以实现类似车辆主动悬挂的效果,即使地形有明显的变化也能保证身体在全局坐标系下位姿稳定和平稳移动。另外,足式机器人还可以通过规划足端轨迹来跨越障碍物,因此理论上其运动性能和通过性能与地形复杂度无关,依靠动态平衡控制算法能实现其在复杂地形上快速、稳定通过。

图 1.1　人类攀爬梯子示例

要设计出一个真正能实际应用的足式机器人需要工程技术和控制理论的完美结合与共同进步。足式机器人运动控制的核心首先是控制腿足摆动相，能依据落足点驱动关节来跟踪摆动轨迹，从而动态地调节肢体行为。另外，通过已知的地形感知数据，机器人能主动选择最优的落足点，从而解决复杂地形上支撑区域调节的问题，这一块研究内容目前仍然没有很好地解决，但是相关工作正在稳步推进。如果这项技术取得成功，它将是引发足式机器人跨越式发展的重要里程碑，也是让足式机器人在传统轮履机器人无法通过柔软、坡度或者崎岖地形下大放光彩的关键技术，这样具有实用价值的机器人将在未来的工业、农业和军事应用中发挥巨大的作用。

研究足式机器人的另外一个原因是为了剖析人类和动物奔跑中更深层次的运动机理，如运动员在比赛中能实现惊人的平衡能力、奔跑能力和负重投递能力，这不仅仅体现在专业的运动员中，就算是人类从婴儿匍匐、爬行到直立行走，再到奔跑和跳跃的过程也同样非常令人惊讶。

当然最好的例子还是动物，相比人类，它们有更好的灵活性和敏捷性，能更灵活、稳定地穿过森林、沼泽和丛林，甚至从一棵树爬到另一棵树。

尽管人类已经能够奔跑，但对其中具体的仿生机理还知之甚少，因此要想更深入地理解动物的奔跑行为，最好的方法就是制造一个由仿生腿足驱动的机器人。当然，实现与动物类似的仿生运动控制必然会遇到机械和控制上的技术挑战，我们可以针对这些问题展开研究并得到可能的解决方案。这样的仿生机理研究涉及视觉、机构学、控制学等多门学科的知识，也是目前最前沿的研究方向。

1.2 动态平衡与稳定控制

本节主要聚焦在足式机器人步态稳定控制所需要的关键技术(特别是动态平衡理论),研究机器人在不同运动行为中速度与动能之间的关系。为了预测和控制系统的状态,我们必须考虑机器人每个机构质量、能量和运动学的关系。当机器人具有很大运动速度或质量时,仅采用运动学是无法精确描述系统运动状态的,如当一个高速行驶的平台突然制动,若其制动支点如十分靠近质心,则会发生前倾并摔倒。

另外,系统运动中的能量交换和传递对于理解机器人的动力学特性也十分重要。例如,在奔跑过程中系统的能量会在几个形式间周期性转化:当身体下落时其重力势能会渐渐转化为动能,在腿足与地面接触过程中间转换为弹性势能,然后随着身体向上加速而再次转化为动能,最后在离地后转化为重力势能,可见这样的能量周期交换过程是腿足式系统稳定运动的核心。

对于这样一个复杂的能量交换过程并不意味着我们无法采用数学公式来描述,并最终主动进行控制。虽然一个腿足式系统详细的动力学模型很复杂,但动力学控制问题却可以很简单。例如,如果可以将跳跃简化为弹簧的周期谐振,那么控制系统就不需要考虑如何让机体随弹跳轨迹精确的运动,而是在每个控制周期中调节推力来改变弹跳的幅度,因此动态控制系统依据被控对象模型特点进行解耦、降维能大大降低控制的复杂度。这也是本书面向足式机器人动力学控制时主要的核心理念。

动力学在足式机器人动态平衡控制中有着至关重要的作用,在静力学平衡下机器人往往将质心投影保持在腿部支撑区域内,因此可以在该约束下规划出质心和腿部的运动轨迹(图1.2)。这样的静步态常出现在动物缓慢移动中,但更多的时候它们采用动态平衡步态。图1.2显示了爬行四足动物缓慢移动时质心轨迹和支撑区域的变化,控制的核心是保证质心垂直投影始终在支撑域内。图中圆点表示质心的投影,多边形顶点表示支撑脚位置。

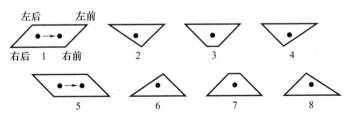

图1.2 静步态规划示意图

动态平衡的足式机器人可承受偏离静平衡扰动,与静平衡系统不同,动态平衡系统允许短时间内机身存在倾倒或者有水平加速度现象,控制系统通过调节机体和腿足位姿来实现对该偏差或扰动的补偿,通过产生反方向的主动运动来修正机体的位姿。通过不断的连续调节来保证机体相对支撑点的动态稳定和平衡,在此基础上进一步增加弹跳所需垂直加速度与落地缓冲所需要的腿部弹性形变。

动态平衡系统的最大特点是依靠腿足摆动控制来实现动态支撑,这让系统更加灵活并具有高机动性。例如,如果当一个腿足式系统发生倾倒,那么可以通过规划落足点与质心间的位置实现支撑点切换,这样机器人可以仅依靠一个很小的支撑平面就保证系统稳定,从而在不连续或离散的障碍物间移动。这种在不连续接触点或小支撑区域上的移动能力,使得足式机器人能适应更复杂的非结构化地形,这也是动物能在复杂地面上高速奔跑的原因之一,因此足式机器人的动态平衡技术十分关键。

如图 1.3 所示,当输入曲柄 AB 转动时,输出点 M 的轨迹由一部分直线运动和一部分弧线运动组成,该轨迹可以模拟简单步行时足端轨迹,即直线部分为腿部支撑过程,弧形轨迹为腿部摆动过程。

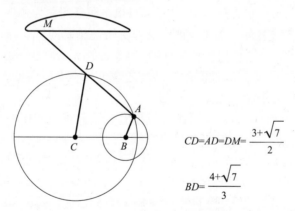

图 1.3 早期足式机器人连杆机构设计

1.3 足式机器人的研究历史

在介绍动态平衡控制技术之前,先来简要地回顾一下足式机器人的发展历史。足式机器人步态控制的研究始于一个世纪前,当时的加州州长 Leland Stanford 委托 Eadweard Muybridge,希望能确定马在对角步态(trot)时是否会存在四条腿全部离地的瞬间,Stanford 曾打赌说它永远不会四条腿同时离地。1878 年,

Muybridge 在《科学美国人》杂志上刊登了一组定格照片,证明了 Stanford 的观点是错误的。在那之后,Muybridge 继续记录了 40 多种哺乳动物的行走和奔跑行为(其中也包括人类)。他的照片资料至今仍然有相当大的研究价值,作为该领域研究中一个里程碑也被留存下来。

对足式机器人的研究起源于 Muybridge 的时代,在 1893 年左右有人设计了一个早期步行机器人模型(图 1.4),骑手可以通过两个马镫踏板来提供动力输入,通过缰绳来控制头部转动方向。它使用连杆机构来使身体前进运动并模拟足端的上下踏步和摆动支撑切换。这种连杆机构最初是由俄罗斯著名数学家切比雪夫在几年前设计的。在随后的八九十年间,足式机器人主要的研究内容是探索步态连杆机构设计所产生足端轨迹对机器人运动性能的影响。当时有很多巧妙的设计(如 Rygg,1893;Nilson,1926;Ehrlich,1928;Kinch,1928;Snell,1947;Urschel,1949;Shigley,1957;Corson,1958;Bair,1959;Morrison,1968),但这些机器人的性能都受限于连杆固定的周期运动模式,它们无法适应复杂地形的变化。直到 20 世纪 50 年代末,人们才发现仅设计固定足端轨迹是无法设计出真正的足式机器人的,真正实用的机器人需要产生能适应地形的最优足端轨迹控制器(Liston,1970)。

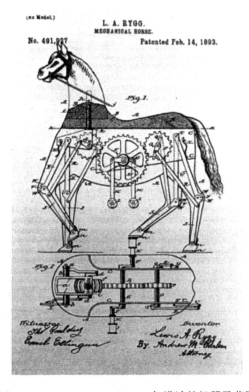

图 1.4 Lewis A. Rygg 于 1893 年设计的机器马草图

为此，在20世纪60年代中期（Liston和Mosher,1968），人们采用人工操作的方案来达到这个目的，Ralph Mosher在通用电气公司时曾设计了一个能采用人工操作的四足步行机器人。该项目是一项为期10年计划的一部分，旨在培养更优秀的机器操作员，能够通过逼真的力反馈来实现稳定灵活的步行移动。Mosher建造的机器人高约3.35m，重达1360kg，并采用液压驱动（图1.5）。操作员通过踏板来控制步行平台的四肢，当机器人腿部碰到障碍物时，力反馈系统能将其反馈给操作员，让其感受到自己的腿或胳膊受到阻碍。

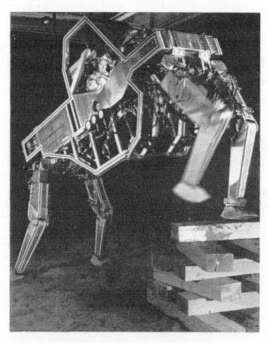

图1.5　Mosher在1968年设计的四足步行机器人

在经过大约20h的训练后，Mosher能够非常流畅地操作这台机器人。视频资料显示，它可以8km/h的速度缓慢前进，并能爬上一堆铁轨，还能将一辆撞毁的吉普车从泥里拉出。尽管它过于依赖人类自身操控介入，但这种步行机器仍然是足式机器人技术的一个里程碑，而且与许多后续发明相比，Mosher的机器人仍有一定的优势。

在20世纪70年代，随着数字计算机的普及，采用计算机来替代人类操控机器人肢体成为可能。在1977年，俄亥俄州立大学团队首次成功地使用了这种方法（McGhee,1983），他们制造了一种类似昆虫的六足机器人，这种机器人可以采用计算机自动生成行走、转弯、爬行等多种步态，并能越过简单的障碍。计算机的主要任务是求解机器人的运动学方程并协调控制腿部的18个电机，通过保证机器人质心投影始终在支撑区域内来实现静态平衡,并通过周期性切换腿部运动来实现缓慢的移动。虽然这台机器走得很慢(大约每分钟走几米),但仍是足式机器人技术的重大突破。

随着后续力传感器和计算机视觉系统的加入,1980 年 McGhee、Klein 和 Briggs 及 1984 年 Ozguner 等在新的研究中提出了地形估计方法。McGhee 利用这台六足机器人验证了他早期在步态规划理论上的成果(McGee,1968;McGee 和 Jain,1972;Koozekanani 和 McGee,1973)。俄亥俄州立大学的研究小组也建造了一个大型的六足机器人(重约 3000kg),并能在非常复杂的地形上移动。

Gurfinkel 和他身处苏联的同事在大约同一时间制造了一台与 McGhee 类似的机器人。它同样使用计算机进行控制,并使用了大量模拟电子器件来实现底层控制驱动功能。

Hirose 意识到,连杆机构和计算机控制并不独立,他设计了 7 种特殊的连杆结构并组装成了一条三自由度电驱机械腿,将驱动器的角度变换转换为腿足末端在笛卡儿坐标系下的位置,只要一个执行器计算机就可以生成足端的 x、y 和 z 方向的平移运动,从而避免了复杂的运动学求解过程,巧妙的机构设计有助于降低运动控制的复杂度。

Hirose 用这条腿制造了一个大约 1m 长的迷你四足机器人。它的每只脚上都装有接触式传感器,基于传感器反馈能采用很简单的方法实现越障步态。例如,当脚向前移动时,如果接触传感器检测到碰撞,足端就会向后和向上移动一点,然后继续向前移动。如果脚没有越过障碍,就继续下一个步态周期。通过不断重复这个检测判断过程,使得 Hirose 的机器人可以在没有人工干预的情况下自主上下楼梯和跨越其他障碍。

上述三台机器人,代表了以静态爬行步态为主的足式机器人。虽然它们在机构设计和运动控制方法上各有不同,但有一个共同的平衡控制策略:就是让更多的腿来提供支撑,从而构建一个更大的支撑区域,通过身体和腿的协调运动使得机器人移动质心投影始终在支撑区域内,由于其移动速度很低,不需要考虑质心惯性和动能对稳定性的影响。上述机器人都在崎岖地形上开展了测试,对地形测量、步态规划和落足点选择算法也进行了相关的测试。在此期间,还有其他一些类似的机器人被研制出来(如 Russel,1983;Sutherland 和 Ullner,1984;Ooka 等,1985)。

1.4 动态平衡技术研究历史

1.3 节主要介绍了静平衡控制下的足式机器人,本节将介绍具有动态平衡能力的机器人。第一台采用动态平衡技术的机器人是一个自动控制的倒立摆系统。众所周知,人们可以很轻松地平衡指尖上倒立着的扫帚,因此,也可以采用计算机来设计一个自动平衡倒立扫帚的系统。

Claude Shannon 可能是第一个这么做的人。1951 年,他用一些零件制造了一个小车并实现平衡倒立摆。通过小车来回调节位置可以实现对倒立摆倾斜角度的补偿,在倒立摆底部有一个能测量倾斜角度的传感器提供反馈数据。为了测试控制系统,小车首先需要远离目标点并让倒立摆失去平衡,控制系统将调节倾斜角度进而让系统向目标位置运动,为了重新使倒立摆平衡,小车从远离目标点的地方减速,直到倒立摆恢复竖直并且水平速度为零。

正是在 Shannon 的敦促下,Cannon 和他在斯坦福大学的两名学生开始研究二阶倒立摆的控制算法。二阶倒立摆分为两种:一种是倒立摆并联装在小车上,另一种是倒立摆串联装在小车上(图 1.6)。Cannon 的团队对单输入多输出问题和其平衡控制的局限性做了很多研究:如怎样使用单一驱动力来控制两个钟摆的角度以及小车的位置,在已知系统机械参数和模型下系统的失稳边界角度是多少。

其基于法向坐标和 bang-bang 控制的曲线分析,将系统的能控区域表示为系统物理参数的显式函数。一旦确定了系统的能控区域,其边界就可以用来寻找用于控制的开关函数。后来,他们将这些技术扩展到了更复杂倒立摆的平衡控制问题中。上述这些对倒立摆平衡问题的研究是后来动态平衡技术的重要理论基础,因此倒立摆模型也成为足式机器人动态平衡控制中最主要的技术之一。

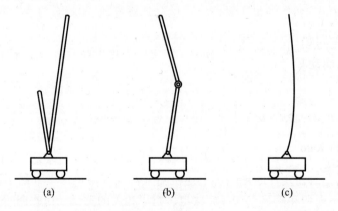

图 1.6 Cannon 和他的学生制造的三类小车倒立摆系统

图 1.6 中的倒立摆系统分别为两个倒立摆并排、串联两级倒立摆和柔性倒立摆,图中模型仅依靠小车运动来实现倒立摆的稳定控制。通用电气的 Mosher 团队也对动态平衡技术开展了研究。他们的初衷是在建造四足机器人前先建造一个双足机器人,其同样围绕人类主动驾驶机器人的行走开展研究。考虑到当驾驶这个比人类大好几倍的机器人运动时不确定驾驶员能否完成对其稳定控制,因此他们开展了一个简单的测试,实验中受试者站在大约 6m 高的倒立摆

上。钟摆的关节就像人的脚踝和臀部,一个固定在大地上,一个固定在支撑平台下。这些关节是踝关节和髋关节运动伺服跟踪的对象。86名受试者在不到15min内就学会了控制这台机器,大多数人只需两三分钟就学会了。虽然前面提到的步行卡车原则上可以使用纯静态操作技术,但驾驶员主动平衡的能力可能有助于其平稳运行,通用电气的双足机器人后来并没有研制成功。

近年来,主动平衡在腿足式运动中的重要性(如 Manter,1938;McGhee 和 Kuhner,1969;Frank,1970;Vukobratovic,1973;Gubina,Hemami 和 McGhee,1974;Beletskii,1975)已经得到越来越多人的认可,但是由于控制任务十分困难,搭建采用主动平衡的样机有着重重阻碍。直到20世纪70年代末,采用主动平衡的足式机器人系统实验与设计工作才开始逐步进行。

Kato 和他的同事们制造了一种双足机器人,它以一种准静态步态行走。这台机器有10个液压驱动的自由度和两个大脚板。通常情况下,这台机器采用静平衡来控制质心按期望的轨迹移动,通过保持重心在支撑域内实现稳定控制。而在迈步换向时,由于机器人会失稳前倾,其通过改变落脚点位置来被动地恢复平衡,并采用改进的倒立摆模型来规划上述的摆动轨迹。

1984年,这台机器实现了准动态步态的行走,可以以每分钟12步,每步大约1.5m,其采用的动态切换支撑腿机制,实现了以简单控制策略产生复杂步态的目的。

不久后,三村和岛山由纪夫(1980,1984)建造了第一台真正实现主动平衡的机器人,通过模仿人类踩高跷行走的方式,每只脚仅提供一个支撑点,腿部的三个执行器驱动其完成前后和侧向运动。

该机器人的稳定控制采用倒立摆模型实现,每个摆动腿的落足点依据倒立摆的倾斜角度来进行选择。同时,在控制时将其解耦为两个不同平面上的控制问题,独立考虑俯仰和横滚轴上落足点的选择,基于线性反馈和系统期望来实现动态控制,与 Kato 的机器在大多数时间处于静态平衡不同,其总是处于动态步态调整的状态。

松冈制作了第一个可以奔跑的机器人,在奔跑中存在所有足端离开地面的飞行相或腾空相过程。为了模拟人类的循环跳跃奔跑,他建立了一个由机体和单条无质量腿的简化数学模型,并假设支撑阶段的持续时间比飞行阶段更短来降低控制系统复杂度。该模型大部分时间处于飞行相,因此大大减小了在支撑中失去稳定倾翻的可能性,最终基于一个时间最优的状态反馈控制器,实现了机器人原地跳跃和低速移动。

为了测试控制方法,松冈建造了一台平面单腿弹跳机器人,其通过与地面保持10°的夹角来降低重力作用,通过电驱动腿的快速推动,实现短支撑时间下每秒1次的跳跃频率。

1.5 奔跑的机器人

奔跑运动是一种特殊的腿足步态,其利用飞行相来实现高速移动。为了研究奔跑,我和同事们探索了各种各样的足式机器人系统,设计并完成了许多实物样机。综上所述,我们已经确定,采用简单控制方法也可以实现稳定的奔跑,并将它们应用于足式机器人的动态平衡控制中。本书研究的主要内容围绕对足式机器人的动态平衡技术的理解,并归纳出基础知识,推动其在实际系统中的应用与发展,下文对相关内容进行具体介绍。表1.1以表格的形式简单梳理介绍了足式机器人技术发展历史中的重要里程碑。

表1.1 足式机器人技术的里程碑

时间	姓名	主要贡献
1850	Chebyshev	设计用于早期行走机构的连杆(Lucas,1894)
1872	Muybridge	使用定格摄影来记录奔跑的动物
1893	Rygg	专利:人力机械马
1945	Wallace	专利:跳跃反作用轮提供稳定性
1961	Space General	八足运动机械在室外地形中行走(Morrison,1968)
1963	Cannon、Higdon 和 Schaefer	控制系统平衡单、双、立杆倒立摆
1968	Frank 和 McGhee	简单数字逻辑控制的步行小马
1968	Mosher	通用电气的四足卡车在人类司机的控制下爬上铁路
1969	Bucyrus - Erie Co.	大马斯基,一个15000t的步行机器人拖拽线,用于露天开采。可以以274.3m/h在松软地形中移动(Sitek,1976)
1977	McGhee	数字计算机协调六足机器人的腿部运动
1977	Gurfinkel	苏联的混合计算机控制六足机器人
1977	McMahon 和 Greene	人类在哈佛大学的调谐轨道上创造了新的速度纪录。它的顺应性是根据人腿的力学来调整的
1980	Hirose 和 Umetani	四足机器人通过简单的传感器爬楼梯和越过障碍物,腿部机构简化了控制系统
1980	Kato	液压双足机器人,具有准动态步态
1980	Matsuoka	用一条腿跳跃时,身体上的机械装置保持平衡

续表

时间	姓名	主要贡献
1981	Miura 和 Shimoyama	双足机器人在三维空间中主动平衡
1983	Sutherland	载人六足动物,计算机、液压力学和人力共享计算任务
1983	Odetics	自给式六角吊舱提升,移动皮卡车(Russell,1983)

为了研究最简单的跑步方式,我们制造了一台单腿奔跑跳跃的机器人。它像袋鼠一样跳跃,用一连串的跳跃来实现奔跑。单腿跳跃机器人无须考虑多条腿的协调控制问题,但对主动平衡控制提出了更高的要求,因此主动平衡和动力学是单腿跳跃的核心,而步态切换和支撑相时的控制并不是最关键的问题。多年来,步态规划一直主导着足式机器人控制技术的发展,因此我们希望能找到适用于任何数量腿的稳定控制算法。

研究单腿跳跃机器人时,所需要关注的只有两个部分:一个是身体,一个是腿。身体承载了步态运行所需的执行器和传感器。腿可以伸缩,从而改变长度,同时还具有沿伸缩轴的弹性环节。通过传感器我们能测量机体俯仰角度、臀部角度、腿长度、腿弹簧力以及与地面的接触情况。我们在第一台样机上增加了二维平面限制机构,所以它只能上下、前后移动和在平面上旋转运动,并通过有线连接实现与控制计算机通信。图1.7展示的是机器人从右向左以大约0.8m/s的速度移动,图中的轨迹由布置在质心和足端的指示灯延时拍摄得到。

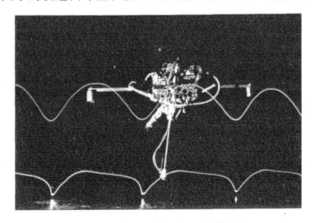

图1.7 单腿跳跃机器人移动轨迹

这台机器人奔跑和跳跃是一样的,奔跑中包含支撑和腾空两个相序的周期切换。第一个阶段为支撑相,腿部支撑身体的重量,足端相对地面的位置不变,因此机器人会像倒立摆一样倾斜。另一个阶段为飞行相,在飞行相中机器人弹跳上升,腿部离地,从而实现自由摆动。

1.6 奔跑控制的三个要素

我们惊讶地发现,一套简单的算法可以实现该平面单腿跳跃机器人的稳定控制。通常将奔跑分解为跳跃、前进速度和姿态控制三个要素。

(1) 跳跃。控制系统在调节机器人跳跃高度的同时,还需要保持机器人周期循环跳跃振幅。跳跃运动协调控制身体和腿,从而实现周期振荡跳跃。在支撑过程中,通过调节腿的刚度实现弹跳飞行,由于在飞行中没有外部作用力,机器人按牛顿运动定律实现抛物线飞行,在落地支撑时通过控制腿部垂直推力补偿上一次跳跃中能量的损失。

(2) 前进速度。控制系统第二要素是完成对机体速度和加速度的控制,这主要通过在飞行相中控制落足点来实现。在落足支撑中,足端相对机身的位置对后续支撑中机体运动有很大的影响,不同落足点的选择能让机体加速和减速。为了计算合适的落脚点需要考虑实际前进速度、期望速度和动力学模型,基于该模型可以实现机器人加速、恒速和减速等稳定跳跃行为。

(3) 姿态控制。控制系统第三要素是完成对机体俯仰角的控制,通过在腿部髋关节施加控制力矩来调节机体扭转加速度,当支撑中足端不存在打滑时,可以通过髋关节执行器上的线性伺服系统实现对姿态角的调节。

上述将奔跑控制简化为上下弹跳运动、前进速度和机体姿态三个要素,这实际是一个模型解耦简化的过程。将控制划分为这三个部分,使奔跑控制变得更容易理解,并可以设计一个非常简单的控制策略来实现跳跃控制。

我们将上述控制思想总结为"三段式分解控制"方法,最终采用该方法控制平面单腿机器人实现跳跃到固定位置、以设定速度前进、受到干扰时保持平衡甚至能跳过障碍物。机器人最高运行速度能达到1.2m/s,当然"三段式分解控制"方法不局限于单腿跳跃机器人,该方法可推广用于后续的三维单腿跳跃机器人、平面双足机器人和四足机器人。

1.7 三维空间运动

上述的单腿跳跃机器人采用了机械二维限制,其仅能在一个平面上运动,但真实的机器人需要在三维空间中运行。平面跳跃的控制算法是否可以适用于三维跳跃,回答这个问题的关键是如下,即动物虽然采用三维步态控制,但其主要还是在平面上进行运动。通过袋鼠在跑步机上跳跃的录像可以观察到,它的腿部在平面上大角度前后摆动,尾部与腿部摆动协调,身体上下弹跳,但上述运动都仅在矢状面上出现,很少在垂直于矢状面的方向上出现。

Sesh Murthy 认识到所有这些运动均可在对应平面采用前进速度向量和重力向量来描述,他将其称为平面运动(Murthy,1983)。对于没有首选行进方向的腿足式系统来说,虽然步幅在不同平面各有不同,但定义方法相同,因此,我们的三段式控制系统在平面运动中仍然有效。

然而,我们还发现,控制其他运动平面的自由度也适用于三段式控制框架。例如,用落足点来控制前进速度变成了在运动平面上的向量选择,在平面内可以实现对速度的控制而在垂面内可以实现对转向的控制,同理对机身姿态的控制方法也可以扩展到运动平面中。

如图 1.8 所示,为了验证单腿跳跃机器人可以在三维空间稳定运动,Ben Brown 和 Marc H. Raibert 进行了机械结构的设计,但很遗憾并没有参与实际样机的研制工作。

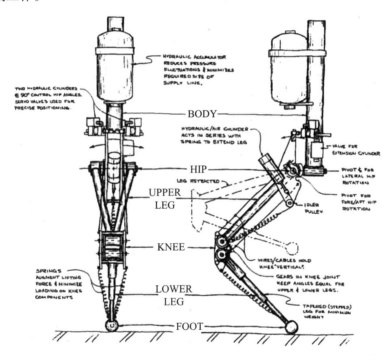

图 1.8 Ben Brown 和 Marc H. Raibert 设计的三维单腿机器人手稿

前文中提到机器人的控制系统可以调节跳跃高度、前进速度和身体姿态,并实现最快 1.2m/s 的运动速度。为了验证这些想法,我们构建了第二个单腿跳跃机器人(图 1.9)。它在臀部有一个额外的关节使腿可以左右移动,除此之外,它与前面描述的平面跳跃机器人相似。这台机器在实验室中的最高速度可达 2.2m/s,可以沿着设定的路径跳跃并保证机体平衡。

图1.9　文中用于实验的三维单腿跳跃机器人

1.8　多腿机器人的奔跑运动

对单腿跳跃机器人的研究并不仅仅是出于对它的兴趣。尽管这种机器人在某些领域可能有一定优势,但我们的主要目的还是在简化系统上研究主动平衡与动力学控制的方法。从单腿跳跃机器人上得出的结论对后续采用任意数量腿机器人的稳定控制有很大的参考价值。

鉴于在单腿跳跃机器人上成功地实现了奔跑和动态平衡,我们会好奇能否将单腿跳跃控制方法应用于多腿机器人？我们对这个问题的研究如下:首先对于像人一样奔跑的双足机器人,其具有独立周期交替的支撑相和飞行相,因此可以直接采用之前的单腿控制算法。其次,由于双腿周期交替,每一时刻仅有一条腿摆动而另一条腿支撑,我们称这种步态为单腿步态。假设另一条腿的运动不受干扰,则用于跳跃、向前移动和姿态三段解耦的控制方法可分别用于控制两条腿的独立运动。当然,为了实现这个过程需要单独对两条腿进行处理,并防止腿之间互相干涉。

Jessica Hodgins 和 Jeff Koechling 通过使用单腿算法来控制二维约束下的双足机器人,其实验结果验证了该方法的可行性。如图1.10所示,机器人的奔跑速度为4.3m/s,正如之前的设想一样,通过步态周期切换双足机器人也能采用单腿跳跃的控制方法,并且这样的推广过程是非常简单的。

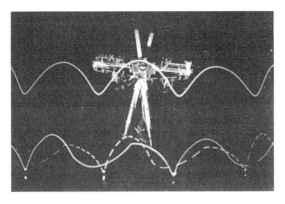

图 1.10　像人类一样用双腿奔跑的机器人

图 1.10 中机器人最高运行速度为 4.3m/s，我们将单腿跳跃中三段式解耦控制进行推广。原则上，上述方法可以用来控制任意数量的足式机器人，但前提是要保证单腿模型的成立，不幸的是，实际情况下存在多腿支撑时该方法可能无法适用，但可以设计一个新的模型来协调多腿支撑，从而让最终的控制效果等效为一个单腿支撑模型，Sutherland(1983) 将这个思想称为虚拟腿，因此当有多条支腿时首先采用虚拟腿理论将多足步态重新映射为单腿运动，如可以将四足机器人的对角小跑步态映射成一个以单脚弹跳奔跑的步态。

综上所述，四足机器人对角小跑步态可以用虚拟腿映射为双足运动步态，双足运动步态又可以用虚拟腿映射为一个单腿跳跃机器人，在前文中单腿跳跃机器人的控制问题已经解决，因此四足机器人的控制也得以实现。图 1.11 所示的四足机器人由伺服系统、控制系统和状态测量系统构成。伺服系统协调对角腿让它们以单一虚拟腿的形式运动。其采用虚拟腿来将四足机器人映射成双足机器人，从而采用单腿控制策略。

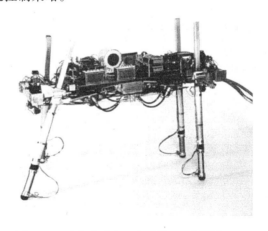

图 1.11　对角小跑(Trot)下的四足机器人

1.9 机器人与动物运动中的相似性与对称性

为了以恒定速度奔跑,在跨步过程中加速度的积分作用必须为零。为了满足这一要求,简单的方法是让支撑中加速度变化为奇函数,因此其在对称的支撑区间上积分为零,最终利用该对称性来合理地控制机器人的运动速度,而速度调节则通过落足点选择来实现,并且这个对称性原理可以用在虚拟腿简化的机器人步态运动中。

足式机器人在运动中具备上述的对称性能帮助我们理解动物的奔跑行为吗?为了找出答案,我们研究了动物和人类运动时的影像资料。我们特意观察了猫在跑步机上小跑和疾跑,以及人在跑道上奔跑的视频,数据与所预测的加速度奇偶对称性很吻合,在某些特殊情况下数据是非常对称的。如图 1.12 所示,在动物步态运动中出现对称性,从上到下依次展示奔跑、遛蹄、慢跑和爬行。在每种步态下,身体都处于最低高度时支撑中心位于重心的下方,最后一条腿刚抬起时前方的腿就将落地。

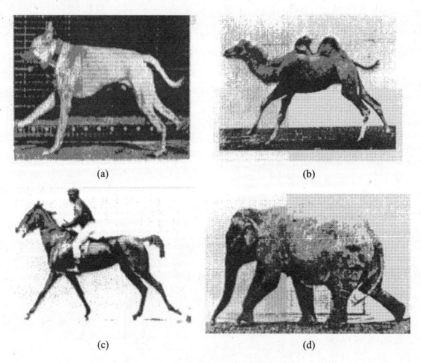

图 1.12 动物奔跑运动中的对称性

总　结

本章对足式机器人进行了简单的介绍,并在表 1.2 中列出了 CMU Leg 实验室重要进展。

表 1.2　CMU Leg 实验室进展摘要

时间	事件
1982	平面单腿跳跃机器人在原地跳跃,以高达 1.2m/s 的预设速度运动,可承受外部干扰,并跳过小障碍物
1983	单脚跳跃机器人在开阔的地面上运行,在三维空间内保持平衡,最高速度约为 2.2m/s
1983	Murphy 发现了模拟四足动物模型中被动稳定的跳跃步态(Murphy,1984)
1984	发现猫和人一样具有运动的对称性
1984	四足机器人以对角小跑步态奔跑,证明了虚拟腿可以使用单腿控制算法
1985	平面双足动物以单腿跳跃和双足步态奔跑,并能在跑步时改变步态,最高速度为 4.3m/s

本章的主要目的是研究足式机器人动力学和主动平衡控制机理,通过理解动物的奔跑行为来搭建真正实用的足式机器人。

在二维平面限制下,单腿跳跃机器人可以通过控制跳跃高度、前进速度和姿态控制算法来实现主动平衡。在三维空间中可以基于上述方法对跳跃和平衡控制进行解耦,从而让单腿跳跃算法适用于多腿支撑的机器人。

例如,针对四足机器人的对角小跑步态,就可以将两对角腿映射为一条虚拟腿,这样就可以采用单腿弹跳控制方法来实现奔跑。另外,奔跑和弹跳对称性对于简化足式机器人的控制非常重要,当然对于动物奔跑也很重要。

尽管我们的目标是搭建一种地形适应能力更强的移动平台,但足式机器人还没有真正地走出实验室来证明自己。一些研究人员正积极地朝着这个目标努力,虽然足式机器人主要面向崎岖地形,但本书中的研究内容在一定程度上避免了对复杂地形的处理,书中提到的实验都是在实验室环境下完成的。

 扩展阅读

为了介绍更广泛的背景知识,帮助读者了解更多有关腿足式运动的问题和进展,建议阅读以下资料:Gabrielli 和 VonKarmen(1950)介绍车辆运动控制的经典论文。Hirose(1984)对同一主题进行了大量的后续研究。Bekker(1969)非常详细地讨论了崎岖地形中车辆移动的控制问题,包含对土壤力学的处理,这是系统模型中经常被忽视但非常重要的部分。要了解更多关于足式机器人的研究,

请参阅 Raibert(1984b)编辑的专刊,麻省理工学院出版社提供的这期特刊中有来自日本和美国研制足式机器人相关的录像视频,有关步行机器人的发展史,请参见 Liston(1970)。要了解足式机器人的理论知识,请从 McGee(1968)、McGee 和 Frank(1968)以及 Vukobratovic 和 Stepaneko(1972)开始。Hemami 和 Golliday(1977)考虑了足式机器人相关的控制理论问题。Margaria(1976)和 McMahon(1984)介绍了动物仿生运动机理学。Alexander 和 Goldspink(1977)以及 Hoyt 和 Taylor(1981)提供了足式机器人许多有趣的细节。Dawson 和 Taylor(1973)、Cavagna、Heglund 和 Taylor(1977)、McMahon 和 Greene(1978)等对动物在跑步时的弹性储能机制展开了相关的研究。Hildebrand(1960)和 Pearson(1976)对动物步态运动进行了综述介绍。Herman1(1976)对无脊椎动物和脊椎动物运动进行对比并分析了其中的共性。有关神经生理学研究的优秀综述有 Grillner(1975)以及 Wetzel 和 Stuart(1976),这两个报道都是由 Grillner 等整理(1985)。要了解更多关于机器人学和生物学如何结合,请参见 Hildreth 和 Hollerbach(1985)以及 Marr(1976)的精彩论述。

第2章 平面单腿弹跳控制

奔跑中的弹跳运动与球的弹跳类似(Margaria,1976),球在重力加速度的作用下掉落,直到与地面发生弹性碰撞最终反向上升。在碰撞过程中,球首先发生形变以吸收动能,然后再恢复原始形状释放动能。由于能量交换的损耗,随着弹跳与碰撞之间的交替,球的动能会渐渐完全消散。

在奔跑运动中身体同样会下落,直到脚落在地面上,然后依靠腿部的弹性变形来吸收身体的动能,但通过支撑中腿部能量的持续输出可以让机器人不会像被动弹跳的球一样停下来,Margaria使用奔跑的弹跳球模型来区分跑步和步行行为,他以鸡蛋的滚动为例来模拟奔跑运动(Margaria,1976)。

在自然界中,弹性储能和能量回收是袋鼠保证高效率跳跃行进的核心(Dawson和Taylor,1973),通过仿生机理分析能很好地理解人类或其他动物如何实现高效的奔跑(Cavagna等,1977;Alexander和Jayes,1978)。通过弹跳运动可以让周期奔跑得以实现,本书采用简谐振荡运动模型来分析弹跳,通过控制系统来完成对其振荡周期和振幅的调节,并最终实现奔跑。

除了小球的弹跳运动,倒立摆的倾斜与旋转运动也非常重要,倒立摆能通过在一个支点上旋转以实现对质量块的支撑,当质量块直接位于支撑点正上方时没有倾覆力矩,因此系统处于平衡状态,但是当质量块与稳定支撑点存在任何微小偏差都会产生倾覆力矩,从而使系统远离平衡状态,因此倒立摆的平衡点是不稳定的,所以控制系统需要依据其倾覆运动来调节当前的支撑点,实现对倒立摆的稳定和平衡,实际上由于倒立摆的不稳定,它总是需要在倾覆的反方向产生相等的运动来保证自己的稳定。

足式机器人的动态稳定问题与倒立摆平衡十分类似,当机器人双脚不在机体正下方时它们就不稳定,因此可以通过机体的倾覆调节双腿落足位置来调节平衡,虽然这样的机制看起来很简单,但实际中很多因素都会使机器人的动态调节过程变得十分复杂,如腿的长度是随步态实时变化的,因此机体质心与支撑点间的相对位置也会实时变化,另外由于物理腿部机构往往是有宽度的,这会导致支撑时足地支撑点的移动。尽管平衡控制非常复杂,但基于倒立摆模型已经能帮助我们理解奔跑中的平衡控制原理。

在本章中将介绍一个单腿跳跃机器人,它既可以像小球一样实现周期弹跳又能像倒立摆一样倾倒,因此它是一个非常理想模型用来研究步态运动。由于这个机器人只有一条腿,可以采用之前的单腿模型而不需要考虑多腿支撑协调问题,整个机器人控制中主动平衡仍然是稳定控制的核心问题。

之前我们提到了在研究机器人奔跑策略中的三通道解耦方法,其面向奔跑的三个主要元素分别为跳跃、前进速度和姿态控制。机器人选择落足点按期望速度前进,并进一步实现在空间中的位置控制和移动。基于该方法机器人能在外力干扰时快速平衡,并且具有一定的越障能力,其在实验室中最高的奔跑速度能达到1.2m/s,我们的第一台跳跃机器人只能在平面上移动,但在第3章将继续研究在三维空间中奔跑的机器人。

2.1 二维约束下的单腿跳跃机器人机构设计

图2.1为二维约束下的单腿跳跃机器人机构示意图,其主要由机体和腿部机构部分组成,二者通过铰链式髋关节相连。由于只有一条腿,只能采用跳跃步态进行移动。为实现跳跃功能,腿部机构具有弹性环节来调节刚度,除此之外,机器人上还安装了传感器、电磁阀、执行器和计算机等电子设备。

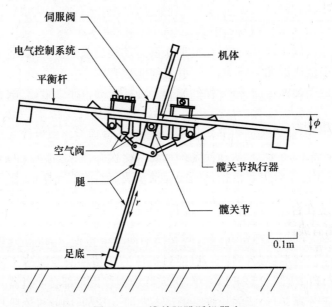

图 2.1　二维单腿跳跃机器人

图2.1中的机器人主要由机体和腿部组成,其中机体除了承重结构还包括伺服阀、电子设备和传感器等,并在机体两端安装配重来调节惯性矩;腿部是一个相对于身体可转动的气缸,在足端设计有软脚垫,机器人通过空气压缩驱动,并采用4个开关电磁阀控制进/出腿气缸的气流来调节整体刚度,从而模拟弹簧

不同的压缩特性,另外还有一对气动执行元件安装在腿部和身体之间来对髋关节扭矩进行控制。安装在机器人上的传感器能实现对腿长度、髋关节角度、足地接触以及足底压力的测量。

通过对该机器人在二维平面上的限制能简化系统维度。图2.2中所示的圆周调试台架可以实现在三个自由度上对机器人运动的约束,让其仅能实现前后、上下以及俯仰轴的运动,而对横滚、平移以及偏航运动进行限制,因此机器人能以台架为中心进行圆周无约束的自由运动,该台架有效解决了早期空气轴承约束下纯平面运动空间长度的限制,该台架允许机器人在半径为2.5m的圆形路径上自由奔跑。

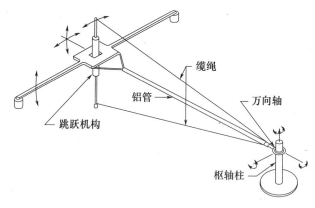

图2.2 圆周调试台架

图2.2中的台架能限制机器人仅在三个自由度上运动,使得跳跃机器人可以在实验室中实现圆周运动(该机构包括一个铝管、一个固定在地板上的弹簧枢轴、一个固定在跳跃机上的叉枢轴和拉索,该台架能让机器人在半径为2.5m的圆周上进行实验)。

通过安装在台架链枢轴上的传感器可测量机器在圆周上的位置和俯仰角度,台架采用有线连接来与机载的气泵、传感器和控制计算机进行通信交互。另外,在机体和腿的髋关节采用铰链连接,并通过控制阀驱动一对气缸实时对髋关节扭矩调节,通过电位计测量得到二者间位置能计算当前对应的髋关节角度 γ,从而构建线性反馈控制器,即

$$\tau = -k_p(\gamma - \gamma_d) - k_v(\dot{\gamma}) \tag{2.1}$$

式中:τ 为在髋关节上产生的驱动扭矩;γ 为髋关节角度;γ_d 为所需的髋关节角度;k_p、k_v 为位置和速度反馈增益,参考值为

$$k_p = 47\text{N}\cdot\text{m/rad}, k_v = 1.26\text{N}\cdot\text{m}\cdot\text{s/rad}$$

基于上述设计和参数,单腿摆动40°共需要120ms,其伺服控制频率为

500Hz,机身与单腿的转动惯量比为14∶1,由于腿部转动惯量较小,能在腿摆动中忽略其对姿态的扰动。身体的质心位于髋关节,髋关节执行器产生所需调节姿态的力矩,在表2.1中给出了机器人具体的尺寸和参数。

表2.1 二维单腿跳跃机器人物理参数

参数	公制单位	英制单位
总高	0.69m	27.3in
总宽	0.97m	38.0in
髋关节高度	0.5m	19.5in
总质量	8.6kg	19 lbm
无弹簧腿质量	0.45kg	1.0 lbm
身体质量/无弹簧腿质量	18∶1	18∶1
身体惯性矩	0.52kg·m²	1770 lbm·in²
腿部惯性矩	0.037kg·m²	125 lbm·in²
身体惯性矩/腿部惯性矩	14∶1	14∶1
腿部轴向运动	—	—
行程	0.25m	10.0in
静态力	360N@620kPa	80lb@90psi
腿部摆动运动	—	—
摆动角度	±0.33rad	±19°
静转矩	37N·m@620kPa	240lb·in@90psi

2.1.1 单腿机构设计

单腿跳跃机器人的腿部主要由一个双向气缸组成,在该气缸的底端装有一个缓冲垫作为足底,并且足底的宽度很窄,在满载压缩变形时其宽度仅为20mm,可以近似看作点支撑,在实验室环境下足底与地面间的摩擦系数约为0.6,因此在支撑中足端位置不会滑动太多,另外在足端还安装有一个开关能在接触地面时闭合,通过滑轮和电位计构成的传感器能测量当前臀部到脚的距离,即腿长 r。

气缸压力控制原理如下,控制器驱动4个电磁阀来控制压缩空气的流向(图2.3),阀门通过限流孔将每个腿部气缸腔室与外连接,通过传感器监控两个腔室中的气压,并将压缩空气输送到气缸顶腔,从而推动活塞和连杆总成实现纵向移动,最终为弹跳提供垂直推力。

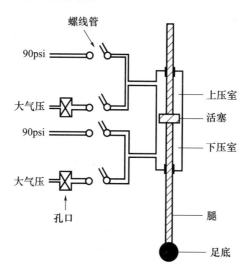

图 2.3 单腿气缸驱动原理

在两个电磁阀均关闭的情况下,通过将空气储存在腿部气缸上腔中使腿部具有弹性,通过空气的流入和排出可以调节腔室内的气压,采用电磁阀能在大约 10ms 内将压力调节到大约 1psi(1psi=6.89kPa),当腿由于外力变短时就会对内部空气进行压缩,从而实现像弹簧一样的形变,而弹簧的有效刚度就可以用腔室内的静压力来计算。

图 2.3 中,单腿气缸通过电磁阀控制空气流向两个腔室的流量,当通向一个腔室的两个阀都关闭时,压缩内部空气就可以实现模拟弹簧的弹性,并采用压力传感器来对气压进行实时测量。

2.1.2 跳跃的步骤与过程

跳跃的基本步骤如下:当开始跳跃时首先让机器人从初始较低的高度进行起跳,在控制系统接管后开始通过控制电磁阀(控制进入气缸气体的流量)维持跳跃运动,在压缩弹跳的过程中控制系统通过增加上腔室中的空气来施加推力,电磁阀的工作持续时间与推力大小存在对应关系,一旦足端离开地面控制系统就会将腿部气缸的上腔排空直至达到指定的压力(通常为15psi)为止,因此在站立支撑时需要增大压力,在腾空摆动时减小压力。这样的系统可以被看作由腿部和身体构成的弹簧-负载振荡,机体振荡的峰值幅度可以在 0.04~0.3m 内变化,弹跳的频率为每秒 3 次或者 1.5 次跳跃,而支撑相时间基本能稳定在 175ms 左右。

在跳跃过程中腿部机构的无弹性部分消耗了一部分跳跃能量。设腿部无弹簧部分的质量为m_1,系统的其余质量为m,则根据线性动量守恒原则,每当腿着地和离地时会造成$m_1/(m_1+m)$的跳跃能量损失。假定足与地面之间的碰撞以及活塞与腿部液压缸的碰撞是刚性的,即其弹性系数为零,机体与无弹簧腿质量之比为18:1,则每个跳跃周期的能量损失为11%。其他损失归因于腿部气缸的摩擦,在理想的测试条件下每次回弹时摩擦损耗会耗散约25%的跳跃能量。

图2.4(Raibert和Brown,1984)展示了机器人跳跃的过程和步骤,机器人以0.75m/s的速度跑跳,步幅为0.45m,周期为0.68s,背景网格间距为0.2m,相邻帧之间相隔100ms。通过腿部执行器来驱动机器人垂直弹跳,在飞行过程中通过速度反馈来实时规划落足点,依据奔跑的对称性,速度越快,腿向前伸展越远。控制系统在站立时可进一步通过控制髋关节力矩来调节姿态保证身体直立,因此可以将周期跳跃的过程定义为以下4个时刻点:

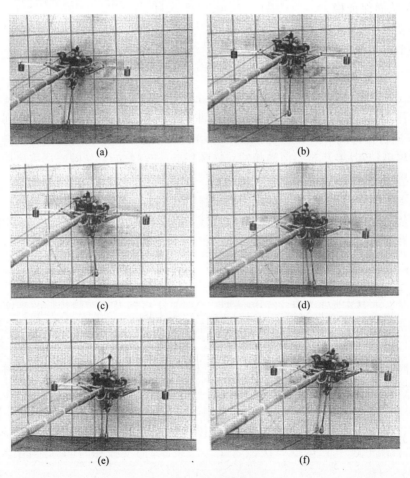

图2.4 机器人跳跃实验

离地点(lift-off),足端失去与地面的接触的那一刻;

最高点(top),身体处于最高高度和从上到下垂直运动切换的腾空时刻;

触地点(touchdown),足端接触地面的那一刻;

最低点(bottom),姿态时身体处于最低高度且垂直速度从下到上切换的时刻。

2.2 跳跃运动的三段式控制

本节研究的二维单腿跳跃机器人将跳跃、前进速度和姿态控制作为三个独立的控制问题。第一部分首先通过调整腿部的推力,为跳跃持续提供能量来调整跳跃振幅;第二部分为速度控制,其通过选择落足点来控制支撑时机器人的加速度,从而保证稳定的前行;第三部分为站立时对髋关节扭矩伺服控制,通过姿态角度反馈,保证机器人姿态的水平状态。控制系统将上述三个周期步骤构建为一个有限状态机,从而将单腿跳跃运动进行解耦和降维,将其当作一个弱耦合的稳定控制问题处理。

2.2.1 跳跃的高度控制

为了让机器人保证稳定的弹跳和前进,每条腿必须具有支撑过程来承载身体的重量,同时也要花时间来卸除腿负载让其能够摆动,对于所有足式机器人系统来说,腿部都会在加载和卸载间周期交替。对于单腿弹跳机器人来说,加载阶段是弹性碰撞,卸载阶段是弹性释放,就像前面提到的小球弹跳一样,整个跳跃过程是一种被动的振荡,跳跃参数取决于腿的刚度以及机体的质量。跳跃控制示意图如图2.5所示。

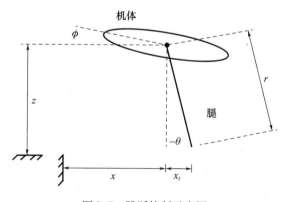

图 2.5 跳跃控制示意图

控制系统依靠这种被动的机械振荡来保证基本的跳跃行为,而每次跳跃过程中传递到身体的腿部推力可以确定跳跃的幅度。理论上,控制系统可以计算达到理想跳跃高度所需的能量,并与实际能量计算误差并反推出所需推力的大小,整个过程中控制系统计算了当前的动能与腿部弹性势能,同时还需要考虑其中存在的能量损失。通过计算机仿真,我们能很好地构建这样的跳跃模型(参见第6章),但本章则使用了一个更简单的方法。

跳跃机器人控制系统在每次着地支撑过程中都提供一个固定的推力,这样机器人就会跳跃到固定高度,但由于摩擦和无弹簧腿足机构带来的能量损失,导致跳跃的高度会随机械损耗而降低,因此每个固定推力值都存在唯一的平衡跳跃高度,更大的推力必然能获取更高的跳跃高度。但实际上推力和跳跃高度之间的关系并不是简单的线性比例关系,因此在实验中,我们通过人为选定一个固定推力来尽量保证机器人维持在可接受的跳跃高度与振幅内。

图 2.6 给出了在跳跃过程中记录的数据,实验中每 5s 给定一个新的跳跃推力,每次更改推力设定值时机器人都需要 4～5 次的弹跳修正,才能让整体的跳跃幅度趋于稳定。在图 2.7 中以相位图的形式对上述跳跃过程进行描述,可以看到弹跳过程是渐进稳定的。在离地时曲线的轻微凹陷是由于腿和机体突然加减速造成的,当足端离地后系统仅受重力作用,其运动轨迹为抛物线,在重新触地后弹簧 - 负载系统以近似简谐(harmonic)振荡的形式运动。由于腿部弹簧不是完全线性的,最终的运动曲线与刚性弹簧理论运动轨迹略有偏差。

实验中每持续 5s 调整一次垂直推力来修正跳跃幅度,在切换后需要 4 个周期左右重新恢复平衡跳跃状态,图 2.6(a) 上图为髋关节高度曲线 z,下图为足端离地的高度 $z-z_f$;图 2.6(b) 为推力曲线(Raibert 和 Brown,1984)。

图 2.7 绘制了机器人在平衡跳跃到固定高度时 4 个周期下的高度曲线,可以看到曲线在离地点、最高点、触地点和最低点都穿过轴线,相位图中纵坐标是质心高度、横坐标是速度,因此状态切换的时间顺序为逆时针方向(Raibert 和 Brown,1984)。

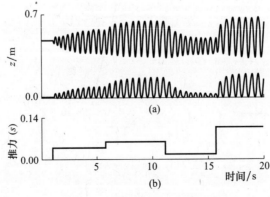

图 2.6　机器人跳跃实验曲线

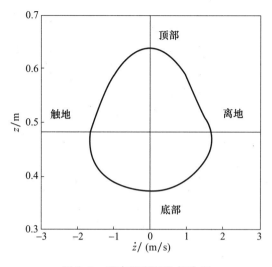

图 2.7　垂直跳跃下的相位图

2.2.2　循环跳跃与状态切换

跳跃周期性与控制状态的切换策略息息相关,传感器的数据反馈以及控制率与周期一致同步性是非常重要的,最终在每个状态下都产生相应的控制策略,以保证对跳跃轨迹进行跟踪,因此每个不同的系统状态都会产生一组新的控制命令。例如,当腿部长度的导数从负变为正($\dot{r}>0$)时,状态机从收缩切换到伸展状态,则机器人执行的动作就是伸长腿并控制身体姿态,图 2.8 显示了周期跳跃时机器人的状态切换过程,并在表 2.2 中给出了每个状态的详细说明。

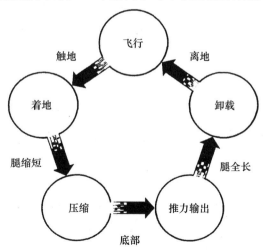

图 2.8　跳跃运动的状态切换过程

状态间的切换采用传感器信号触发,每个节点执行不同的驱动动作。表2.2说明了跳跃状态机如何设计,表左侧显示运动过程中的不同状态,中间列表示进入左侧状态的条件,右侧列显示需要执行的动作。

表 2.2 跳跃状态机

状态	触发条件	动作
1. 加载	足端触地	停止排出腿部的气压 同时髋关节扭矩为零
2. 收缩	腿部缩短	腿部上腔室密封 用髋关节扭矩调整身体姿态
3. 伸展	腿部变长	腿部增加压力 用髋关节扭矩调整身体姿态
4. 卸载	腿部接近最大长度	停止伸展 髋关节扭矩输出为零
5. 腾空	足端离地	将腿部气压排放至低压 调节足端前向落足位置来控制机体速度

2.2.3 前行速度控制

在前文中介绍到,机器人足端的触地位置将直接影响支撑过程中机体的加速度,这与倒立摆平衡过程中支撑点相对质心的位置决定倾覆力矩是一样的。此外,机体的前行速度、垂直速度和腿部轴向力也会影响支撑过程中的加速度。

综上所述,控制系统通过在每次触地前为足端选择合适的落足点,来实现支撑中加速度控制,进而达到控制机体运动速度的目的。足端和机体的运动学关系已知,因此控制系统仅调节运动中足端与机体质心的相对位置,并且一旦进入站立过程后控制系统就不再对足端的位置进行控制,而仅依据机体、腿和地面力学构成的复杂动力学模型确定后续足端和机体的运动趋势。在通常情况下,前向加速度与触地时、离地时的速度误差 $\Delta \dot{x} = \dot{x}_{lo} - \dot{x}_{td}$ 相关,这是一个关于落足前向偏差位置的线性函数,定义净前行加速度为整个支撑阶段的加速度之和(单位为 m/(s·hop)),在腾空阶段 x 方向加速度近似为0,因此仅能通过支撑阶段修正加速度来实现对速度的控制。

图2.9对比了不同运动速度下的加速度,实验数据来自之前的单腿跳跃机器人。图2.9(b)中性点的位置随前行速度而变化,其几乎为线性函数且斜率约为1m/s。

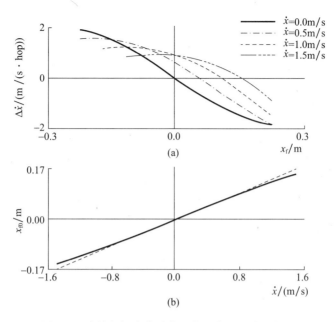

图 2.9　净前行加速度随落足偏差位置的变化情况

从图 2.9 可以看到,对于每一个机体速度都存在一个特定的足端位置使得净前行加速度为零,该落足位置称为中性点(neutral point),用 x_{fo} 表示。对于原地跳跃,其中性点就在身体的正下方;在前行跳跃时,中性点位于运动方向前方,并且前进速度越快,中性点就越向前,中性点对称轨迹示意图如图 2.10 所示。

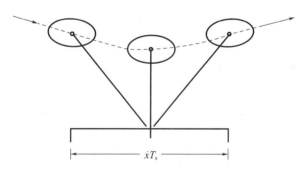

图 2.10　中性点对称轨迹示意图

从图 2.10 中可以看到,机体相对于足端的运动是对称的。该图显示了刚触地时的状态(左),腿垂直压缩到最大时的状态(中)以及足端刚要离地的状态(右);可以看到图中机体质心位置、姿态角度和腿的偏角具有奇对称性,即 $x(t) = -x(-$

t),$\phi(t) = -\phi(-t)$,$\theta(t) = -\theta(-t)$。另外,竖直位置和腿的长度具有偶对称性,即 $z(t) = z(-t)$,$r(t) = r(-t)$,若定义一个与时间相关的位置函数,其在支撑中点处 $t=0$ 且 $x(0)=0$,则机体重心在支撑阶段时的运动轨迹称为 CG 轨迹(CG-print),其用图中下方的水平线表示。

2.2.4 对称与不对称

当足端落在中性点上时,机体的质心会以对称运动的形式越过中性点,该对称运动可以由与时间相关的奇偶函数描述,在图 2.10 中显示了这样的对称行为。因此,当系统对称移动时,质心在中性点前后的运动时间相同,前后两个支撑周期发生的倾斜效应相反且相等,腿部轴向力的水平分量也对等平衡,当腿处于质心正下方时其受到最大限度的压缩。假定机体的垂直弹跳运动不存在能量损耗,则在支撑时腿部轴向力 $f(t)$ 是时间的偶函数。为保证机体的前进速度不会改变,在整个支撑过程中需要符合对称性,保证质心上的水平作用力均值为零。换一种说法,即对于中性点落足的对称运动,其机体倾覆力矩和水平地面力为支撑时间的奇函数,由于奇函数在对称极限上的积分为零,支撑过程中机体的净加速度为零。

当足端偏离中性点时会导致机体运动轨迹不再对称,如图 2.11 所示,图中虚线为质心运动轨迹,下方平行线为 CG-print。机体运动轨迹会根据足端偏离方向及大小产生不同程度的倾斜,而倾斜轨迹具有不为零的净前行加速度,因此前行速度会发生变化。如图 2.11(b) 所示,当落足点位于中性点前时,机体会产生向后的净加速度,从而使机器人减速。如图 2.11(a) 所示,当落足点位于中性点后面时,可产生向前的净加速度,从而使机器人加速。图 2.9 显示了净前行加速度与中性点落足偏差之间的函数关系,对于固定前进速度下的落足偏差,它们之间函数关系几乎是线性的。图 2.12 显示了在不同落足位置下,身体在支撑阶段的不同运动轨迹。

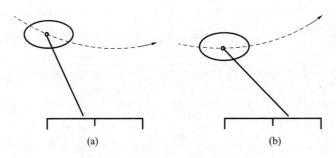

图 2.11 不对称运动轨迹的示意图

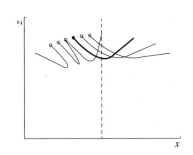

图 2.12　不同落足位置下机体质心在支撑过程中的运动轨迹

图 2.12 中只有粗线轨迹的落足位置具有对称性,而两侧的落足点都会造成机体向前或向后的倾斜趋势,图中每个轨迹的初始前进速度相同,圆圈表示着地时质心的位置,这些曲线为带有线性腿部弹簧模型的仿真数据(Stentz,1983)。

2.2.5　落足点选择算法

为了精确地控制前进速度,控制系统需要根据机器人的当前状态以及期望状态计算合适的落足位置。解决此问题,一种方法是求解系统的动力学方程,得到系统状态变量关于时间的函数,根据动力学方程可以反推出足部位置与期望状态的函数关系。另外,还可以基于系统的当前状态和期望状态输入动力学模型来计算封闭解(closed-form solutions),并得到机器人速度控制所需的落足点位置。然而,求解机械系统微分方程解析解是十分困难的,很多时候甚至并不存在,而要进一步计算落足点关于净前行加速度的封闭解更加困难。

第二种方法是对足够巨大数量的数据集进行数值拟合,将结果制成表格,从而得到近似解,第 7 章我们在简单的单腿模型中将采用该方法并获得了较好的控制效果。

第三种方法,也就是本节所采用的方法,其是一种封闭形式的近似解,核心是采用一种粗略的近似算法来估计落足偏差位置的近似值,尽管还存在一些缺陷,但在工程应用中验证是有效的。

在实际系统中,为了估计落足点偏差主要考虑了两个因素:使用测量的前进速度来估计中性点位置;使用速度误差来计算所需的落足点偏差位置(即当速度控制存在误差时,通过调节落足偏差位置来实现质心在支撑时的加减速),综上所述,我们的方法结合了中性点和落足偏差来共同决定机器人的落足位置。

为了计算中性点的位置,控制系统会估算出下一次落地状态时质心运动轨迹,即 CG 轨迹,从图 2.10 可以看出,CG 轨迹的中点就是中性点。当足端位于 CG 轨迹的中心时,触地时的腿部角度和身体前行位置正相关,但运动方向与离地位置负相反,即满足前面描述的对称性,CG 轨迹的长度可以近似为前进速度与支撑周期的乘积 $\dot{x}T_s$,若将足端放到 CG 轨迹的中心,则在腾空阶段落足点相对髋关节的距离应该为

$$x_{f0} = \frac{\dot{x}T_s}{2} \tag{2.2}$$

式中:x_{f0} 为足端相对质心的落足偏差;$\dot{x}$ 为前行速度;T_s 为支撑时间。

弹簧负载系统的振动周期与振幅无关,因此对于给定腿部弹簧刚度其落地缓冲持续时间几乎是恒定的,控制系统可以使用前一个支撑持续时间作为下一个支撑时间的估计值。当身体在以 $\dot{x}$ 速度继续向前移动时,腿部的压缩是具有偶对称性的,式(2.2)计算结果为足端置于中性点,即在支撑阶段不产生加速度。

为了使机器人加速,控制系统引入了不对称性,通过调节加速度来控制前进速度并克服外部干扰,从而实现前进速度的调节,因此控制系统使用速度误差的线性函数来计算落足点偏差:

$$x_{f\Delta} = k_{\dot{x}}(\dot{x} - \dot{x}_d) \tag{2.3}$$

式中:$x_{f\Delta}$ 为足端相对于中性点的偏差;$\dot{x}_d$ 为期望的前进速度;$k_{\dot{x}}$ 为反馈增益。

结合式(2.2)和式(2.3),则出落足点选择算法如下:

$$x_f = \frac{\dot{x}T_s}{2} + k_{\dot{x}}(\dot{x} - \dot{x}_d) \tag{2.4}$$

当控制系统计算期望落足点 x_f 后,可以使用运动学来计算所需的髋关节角度(图 2.5):

$$\gamma_d = \phi - \arcsin\left(\frac{\dot{x}T_s}{2r} + \frac{k_{\dot{x}}(\dot{x} - \dot{x}_d)}{r}\right) \tag{2.5}$$

式中:γ 为腿部与身体之间的角度,式(2.1)给出驱动髋关节所需扭矩,当在原地跳动、加速奔跑、以恒定速度奔跑以及减速至停止时,我们通过这样的落足点选择算法来控制加速度和前行速度,这是本书中实现足式机器人动态平衡的主要机制。

2.2.6 控制机体姿态

控制系统通过在支撑阶段调节髋关节扭矩来稳定机体姿态,因为在腾空阶段角动量是守恒的,所以仅能在支撑时来调节系统的角动量,站立时足端的摩擦力将扭矩施加到机体,同时不会引起腿部较大的加速运动。这些扭

矩用于控制机器人跟踪期望的姿态,可以通过构建线性虚拟伺服控制器来实现:

$$\tau = -k_p(\phi - \phi_d) - k_v(\dot{\phi}) \qquad (2.6)$$

其中:τ 为髋关节扭矩;ϕ 为身体的俯仰角;k_p,k_v 为位置和微分反馈增益,参考值为 $k_p = 153\text{N}\cdot\text{m/rad}$,$k_v = 14\text{N}\cdot\text{m}/(\text{rad/s})$。

摩擦力可以防止足端在地面上打滑,其大小与地面法向力成正比,通过限制摩擦圆锥可以确保在支撑中髋关节扭矩纠正身体位置时,有足够的法向力使得脚保持在适当的位置。在把加载和卸载这两个状态增加到前面的状态机后,系统就可以控制机器人完成跳跃运动。当腿触地开始加载或者离地前快要卸载时,上述阶段能保证状态切换的稳定性,同时也能保证机器人在离地后足端能摆动到足够的高度来跨越障碍物,然后才会摆动前后运动,这样的运动过程可以避免与地面小障碍物发生碰撞。

在本节中,控制系统分为三个独立的通道:第一通道在每个支撑阶段提供推力来调节跳跃高度;第二通道通过选择落足点位置来控制前进速度,该落足点将在下一个支撑阶段调节供所需的净前向加速度;第三通道通过在支撑时调节摩擦力来保证机体姿态和足端位置,现在我们通过实验的方法来验证上述控制系统。

2.3 单腿跳跃实验

利用单腿跳跃机器人可以对上述三通道解耦控制方法进行实验验证,并在机器人上进行测试。跳跃高度控制、前进速度控制和姿态控制以及有限状态机均在一个微型计算机上运行,控制系统运行程序来控制机器人跳跃并记录相关数据。

2.3.1 速度控制结果

为了测试前向速度控制的效果,系统每隔10s就给定一个阶梯型的速度期望值信号。在测试开始之前,机器人采用摇杆给定速度并跳跃到适当的位置,该实验测试结果如图 2.13 所示。机器人首先开始原地跳跃,然后逐步加速到给定速度,并最终达到 0.9m/s,在保持一段时间该速度后,最终停下来。在整个测试过程中,前进速度的误差控制在 ±0.25m/s 范围之内。通过改变式(2.4)中的速度误差增益 $k_{\dot{x}}$ 可以实现不同的闭环控制效果,该参数调节结果已经在图 2.9 中给出,同时图中也给出了落足位置、净前行加速度和前进速度间的关系。

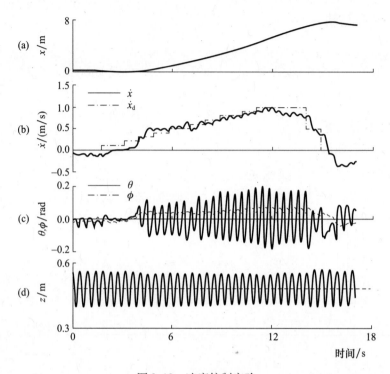

图 2.13　速度控制实验

图 2.13 中的关节角度 θ 和 ϕ，在奔跑过程中腿部和机体运动产生反振荡。由于在腾空阶段中角动量守恒，只能在支撑时才能纠正机体姿态误差，所以机体落地后的姿态振动是很正常的。机体的俯仰角均值变化从零开始并与前行速度成比例关系(图 2.13 中的 ϕ)，跳跃高度和步幅频率也受奔跑速度的影响。实际上，与它们直接相关的并不是奔跑速度而是着地腿角度，奔跑速度越快越会导致腿偏离垂直方向，因此在固定刚度下的弹跳高度会越来越低，较低弹跳高度造成了更短的腾空时间并导致步伐的加快。当机器人以 0.9m/s 的速度奔跑时，弹跳高度减小了 20%，步幅减小了 8.6%。

图 2.13 中，期望速度 $\dot{x}_d$ 在 10s 内从 0 提升到 1.0m/s(虚线)，图中还显示了机器人的落足位置、机体俯仰角 ϕ、机体高度 z 和腿部角度 θ。高度曲线中的虚线将站立高度(下面的线)与腾空高度(上面的线)分开(Raibert 和 Brown，1984)。

奔跑实验中机器人腿部会像动物一样来回摆动，对机器人来说该行为并没有采用固定的逻辑来控制，其是在控制前行速度(在腾空阶段中将落足前探)和控制机体姿态(允许支撑时存在打滑)间相互作用而自然产生的。

2.3.2 位置与轨迹控制

位置控制器用于使机器人停在一个位置或在不同位置之间平移,通过将位置误差转换为所需的前行速度,位置控制器如下:

$$\dot{x}_d = \min[k(x - x_d), \dot{x}_{max}] \quad (2.7)$$

式中:x_d为期望位置,$\dot{x}_{max}$限制了机器人的最大移动速度,目标位置可以通过遥控器设置,也可以通过计算机编程发送特定轨迹,位置控制实验数据如图2.14所示,其控制误差小于±0.1m。

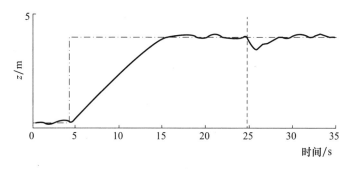

图 2.14 位置控制实验数据

图 2.14 中,位置误差使控制器产生期望运动速度,在平稳跳跃4.3s后,计算机给定4m的期望位置阶跃(点画线),机器人的位置控制误差大约为±0.1m。图2.14还展示了机器人对外部干扰的响应结果,在图中大约25s后,随着机器人跳跃到适当位置,实验员给了机器人一个随机水平扰动,机器人在几秒后恢复平衡并返回到指定位置,实验中机器人可以抵抗来自水平方向的干扰力,但当身体出现较大转动时仍然会倾覆翻倒(Raibert 和 Brown,1984)。

2.3.3 跳跃实验

在跳跃实验中我们采用了特殊的控制逻辑,首先机器人弹跳靠近一个小障碍物,在障碍物前特定位置处,操作员按下跳跃按钮来启动预先编辑好的跳跃程序,其直接切换状态机到垂直跳跃阶段,具体流程如下:

(1)首先进行一个类似下蹲的推力延时过程,此时腿部压缩长度比正常站立时更短,这样能在弹跳中实现更高的跳跃高度,一旦推力开始作用,该过程就会持续到腿完全伸展为止。

(2)当腾空后,腿首先会收缩再进行摆动,为两条腿离地提供时间保障。

(3) 在跳跃的顶点,腿同样摆动到期望的着陆角度,虽然摆腿的时间比平常少,但是由于腿变短后转动惯量减小其摆动速度也能较快。

(4) 在空中阶段,腿伸长以准备落地。

(5) 落地后,将重新进入周期弹跳逻辑中。

在周期跳跃过程中,控制系统使用本节所述的速度和姿态控制算法。

图2.15展示了机器人跳跃越过障碍,机器人从右侧接近障碍物,并在跨越后继续向左侧移动。图中显示了机器人脚和臀部的运动轨迹,障碍物为高0.19m、宽0.15m的泡沫聚苯乙烯块。尽管实验中许多跳跃是成功的,但失败次数也很多。跨越障碍实验中要求落足在障碍物后合适的位置,并且保证跳跃具有足够的高度和足够的距离,目前的控制系统在这两方面都能得到较好的效果,但是无法准确控制起跳点位置。

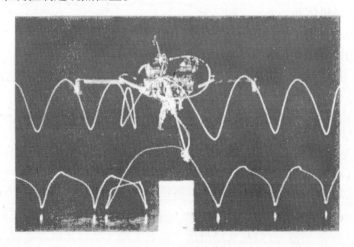

图2.15 跳跃实验

跳跃中对落足点位置的选择比仅依赖速度反馈时困难很多,要求更高。为了确定起跳的位置,必须在跳跃之前通过很多个步态周期来控制步幅,这可以通过在接近障碍物时调整前行速度和腿部刚度或调整每次跳跃的高度来实现。因此,跳跃中起跳位置和落足点的选择是机器人在崎岖地形运动,并实现敏捷跳跃运动的关键所在。

2.4 算法局限性与改进

本章所述的控制系统采用了非常简单的方法,并没有一个算法建立了复杂的数学模型,也没有针对它们进行性能优化。实际上,本章的目的是集中于机器人动态平衡稳定控制最核心控制机理与框架的研究,并介绍该框架中各部分的模型与算法。有了一个控制框架和一个正常运行的机器人系统，改进和优化各个部分的任务应该变得相对简单，我们的工作还没有集中在这部分调试与优化上，但是针对以下内容提出了一些建议。

目前，控制身体姿态的方法会使姿态产生不对称振荡，见图 2.13，姿态角平均幅值与奔跑速度成比例，因此会造成在落地时腿处于直立的状态。Ben Brown 提出应该减少这些机体姿态振动的不对称性，消除落足时的姿态误差并减少控制姿态所需的控制量。这可以通过控制系统设计使机体反向旋转，以及腿前后摆动来实现。这个想法是控制身体和腿部的相对运动方向，而不是控制身体姿态本身。该方法描述如下：

$$J\phi + J_1\theta = 0 \tag{2.8}$$

$$J\dot{\phi} + J_1\dot{\theta} = 0 \tag{2.9}$$

式中：J 和 J_1 是机体和腿部围绕髋关节的惯性矩。

对于稳态不受干扰的摆动，控制系统是不必在身体上施加任何扭矩的。该方法产生的俯仰运动将与之前的俯仰控制结果一致。

前行速度控制的落足选择采用了近似求解的方法（即估计 CG 轨迹的长度并产生加速度），CG 轨迹估计对于刚性的腿和低速奔跑很适用，因为此时腿几乎在质心垂线下方运动，但是当摆动腿角度有较大变化时，估计值精度会降低。在后一种情况下，腿部的轴向力首先会在支撑阶段前半部分使机体减速，然后使其加速，从而导致平均前行速度小于腾空阶段的速度，由此使得 CG 轨迹比预期的短。其结果是，随着前行速度的增加，腿的刚度的减小，奔跑速度的稳态误差也随之增加，Stentz(1983) 提出了一种更准确的预测方法，可以减少 CG 预测轨迹长度的误差，它考虑了落足时身体的垂直速度和腿部的动力学模型。另外，建立净加速度与落足偏差间更精确的线性函数关系式(2.3)也是另一个可以改善的方向。

另一个可以提高性能方向是，保证摆动运动与地面速度的匹配，当高速运动时足端不仅应在触地过程中保持静止，而且应在接触之前产生相对于臀部(hip，前文也称髋关节)后向加速运动，最终足端在空中位置不变而垂直向下，这要求足端的向后速度与触地之前机体相对地面运动速度匹配。离地时同样足端应当匹配地面相对速度继续向后运动直到完全卸载，即足端在腾空离地过程中仍然是相对地面不动的，动物奔跑以这种方式使足端与地面速度相匹配，因此机器人要实现在触地时使足端相对地面的速度匹配，就需要足端向后加速度与触地时刻准确同步。

一个难题是测量机器人的运动状态，如机体的位置、速度和朝向，实际系统中在很多机构和机械上没有安装传感器。对于本章采用的机器人，其俯仰角测量是由安装在枢轴上的光电传感器来实现的，机体位置由安装在枢轴上的电位计测量。从某种意义上讲，这里简化了控制问题，因为真正的机器人必须使用机载传感器来完成状态测量，而不是依赖外部传感器。另外，文中的跳跃机器人仅仅是实验样机，因此在第 3 章中我们将介绍一些更好的方法来解决状态估计问题。

与动物腿部的自然弯曲不同，文中的跳跃机器人采用直线伸缩机构来改变腿长，但这并不重要，只需要在空间中能保证足端放置于落足点上即可。因此，两种腿构型都具有相似的功能，其都能向机体传递来自地面同样的反作用力，当考虑腿部动力学时才会存在差异。我们主要考虑奔跑运动的行为，因此这些细节并不太重要，但是当我们开始优化腿部运动时，该问题就变得很重要。在 Mochon 和 McMahon(1980)对人步行过程中腿部运动的研究中，他们发现腿的动作就像一个自由复合摆。在为特定的机器人系统进行精细建模并考虑性能和效率时，伸缩腿的构型是不可行的。但是，我们发现，可伸缩的腿在目前的足式机器人中占据了重要的一大部分，其避免了结构设计上的复杂性——也更易于建模和制作。

本章汇总介绍的三通道控制方法主要关注于垂直跳跃运动、前进运动和机体姿态运动，尽管这些通道控制之间存在相互作用，但我们发现其动力学是可以独立解耦分析建模的，并且可以设计控制策略将它们分开处理，即控制系统的每个控制输出仅会影响系统的一个状态变量，其相关作用表现为系统内部的扰动。这种独立性简化了控制系统的设计，通过加速来改变运行速度，从而实行机器人的跳跃运动，让其从一个点移动到另一个点。

我们设计控制系统最重要的特点是在一个弹跳周期内只进行一次控制，即在每个跳跃周期中跳跃控制通道和速度控制通道仅启用一次，这里我们已经忽略了关节执行器上的伺服控制回路。例如，控制系统在触地时落足位于质心上，如在前进控制中某一步计算有误，则直到下一次落足前都无法对速度误差进行有效纠正，即其控制步长为跳跃次数，在跳跃中的垂直驱动力和跳跃高度控制也有类似的问题。

本章中完整地验证了三段式控制策略在单腿跳跃机器人上的可行性，其不但是为后续章节打下基础，并通过分析实验数据得出了动态平衡是腿部运动一般性问题的结论，在某种程度上本章的控制思想可以推广到多腿系统。若我们忽略了从单腿机器到两条腿跳跃中的三维坐标系，则该推广是非常简单的，其可以直接将跳跃机器人的单腿跳跃与袋鼠两条腿的运动来比较，其主要区别在于袋鼠还会使用尾巴来协助补偿腿部的大幅度摆动，因此身体在每一跳上都不需要做出剧烈的摆动，袋鼠的控制系统仍像之前一样调节跳跃高度、身体姿态和速度。

综上所述，将本章理论推广到多足系统是可行的。因为动物奔跑的许多特

第 2 章 平面单腿弹跳控制

征类似于单腿机器人奔跑,包括支撑和腾空交替、规律的摆动以及每次仅由一条腿来实现支撑。以两足动物为例,两条腿始终沿相反的方向摆动,即使没有尾巴也能控制机体的旋转。把动物想象成一个跳跃机器人,在每一步中交替摆动一条不同的腿,则三通道分解控制的方法就可以直接使用,对于一些特殊的步态,该方法也可以用于四足机器人的奔跑中。上述单腿算法如何应用于多足系统中将在第 4 章具体介绍。

总　结

本章介绍了采用简单控制模型实现奔跑的单腿跳跃机器人,对该机器研究结果主要说明了以下三个问题:动态平衡的重要性、腿弹性要求以及腿部协调摆动的难点。我们发现单腿跳跃机器人的控制可以分解为三个独立的通道:一是在每个跳跃周期中输出固定的腿部推力来控制跳跃高度;二是控制落足位置来调节前进速度;三是在支撑时通过调节臀部的扭矩来校正机体姿态误差。状态机构建了控制动作与跳跃行为间的同步机制,而解耦后的控制策略就变得非常简单:

1. 跳跃控制

(1) 在支撑段给予一定时间的推力。

(2) 在腾空阶段将气压降到一定值。

2. 前行速度控制

落足点位置:$x_f = \dfrac{\dot{x} T_s}{2} + k_{\dot{x}}(\dot{x} - \dot{x}_d)$

转换为臀部转角:$\gamma_d = \phi - \arcsin\left(\dfrac{x_f}{r}\right)$

伺服控制驱动臀部转角:$\tau = -k_p(\gamma - \gamma_d) - k_v(\dot{\gamma})$

3. 机体姿态控制

姿态误差产生伺服驱动扭矩:$\tau = -k_p(\phi - \phi_d) - k_v(\dot{\phi})$

实验表明,这些算法可以很好地控制机器,保证跳跃到设定的高度,并能在几个跳跃周期内克服外部扰动达到动态平衡。机器人可以高达 1.2m/s 的速度奔跑,其速度控制误差约为 ±0.25m/s,并且可以通过摇杆控制机器人移动越过小障碍物。

第3章 在三维空间中的跳跃

从直观上来观察动物的运动,如马、人或袋鼠都是在一个平面上进行运动的。它们的腿前后摆动,身体上下运动。根据步态和动物的不同,身体会发生不同的前后倾斜。腿部的摆动会让身体向前和向上运动,足端也可以通过摆动落到新的位置,通过腿部的摆动,动物得以实现运动中的动态平衡,让其在奔跑时不会摔倒。尽管奔跑运动具有平面性,但是动物的运动还是在三维空间中完成的,则考虑位置和姿态,在奔跑和跳跃运动中质心运动总共包括6个自由度。

动物运动中的平面特性令我们好奇,平面运动中的控制方法是否可以扩展到三维运动中。直线奔跑中的动力学很大程度上取决于矢状面,对垂直与竖直面运动带来的影响几乎可以忽略。基于这样的解耦方法,三维运动的控制系统设计就可以避免建立复杂的动力学模型。

为了研究这个问题,我们建立了一个无须台架支撑就可以单腿跳跃的机器人,它可以在实验室中自由地运动并保证动态平衡。它可以原地弹跳,也可以给定期望的速度或位置,从一个点运动到另一个点,并且能在被外力推动时保持平衡(图3.1)。这个机器人的控制方法扩展了第2章中提到的平面跳跃控制技术,令人惊讶的是其大大降低了三维跳跃运动的复杂性,控制系统设计仍然将奔跑分解为垂直跳动、前向运动以及姿态控制三个部分。综上所述,三维空间中的运动控制是本章的主题。

图3.1展示了3D单腿跳跃机器一个完整弹跳周期的定格照片,机器人从左跳跃至右,运动速度约为1.75m/s,运动步长为0.63m,步态周期为380ms,图中地面网格间距为0.5m,每两张照片间隔76ms(Raibert等,1984)。

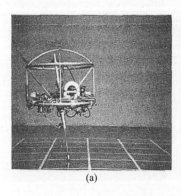
(a)

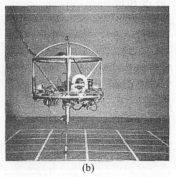
(b)

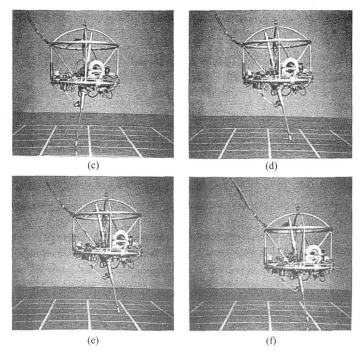

图 3.1 三维空间跳动实验

3.1 三维空间中的平衡控制

在每个运动周期中,足地间的接触和支撑过程都能实现姿态的调节、控制前进速度。在第 2 章中描述了如何在触地前计算落足位置,并实现在支撑过程中控制系统的前向速度。其主要方法是将支撑中速度控制转化为一个控制净前向加速度问题,每个步态循环被视为一个速度控制周期,在每个周期中系统通过当前系统的中性点和加速度来计算合适的落足点位置。

在三维空间中,控制前向速度来实现动态平衡的思想同样适用于双足系统。总体来说,当支撑点位于机体下方时,其在支撑中产生的净加速度为零,要采用上述方法,难点在于预测支撑阶段时机体的状态,所采用的预测方法与平面运动中的一致。理想情况下,通过构建足端位置与当前机器人状态、期望加速度间的时变函数,机器人状态估计与系统状态的预测值就可以求解上述运动方程来得到。然而,就算是如此简单的系统模型,其动力学方程的解析解也是很难求取的,对于很多系统模型甚至根本就不存在,因此对于三维空间中跳跃机器人的状态预测我们采用了近似的估计结果。

本章提到的中性点与前文所述的中性点的定义基本一致,但是本章中性点是采用二维向量来描述的。当机器人落足位置为中性点时,在支撑中机体运动为一个对称轨迹,整个过程净加速度为零,因此速度和前进方向保持不变。当落足位置偏离中性点时,机体依据该偏差的大小和方向做加减速,其产生的加速度可以由中性点向量来描述。

对于在平面内的原地跳跃或者其他前向速度为零的特殊情况,中性点位于机体质心正下方,因此当足端位置偏离机体下方时,将使机体朝远离支撑点的方向加速,该过程中的净加速度曲线见图 2.9,从图中可以看到其具有倒立摆模型的对称性。每个落足偏差产生的加速度向量指向中性点。当前向速度非零时,净加速度的曲线与零速度的情况类似,因为其加速度向量均指向中性点方向。例如,足端的前后落足偏差会引起前后加速度,左右落足偏差会引起横向加速度(图 3.2)。然而,上述落足偏差、前进速度和净加速度间的关系并不是线性的。

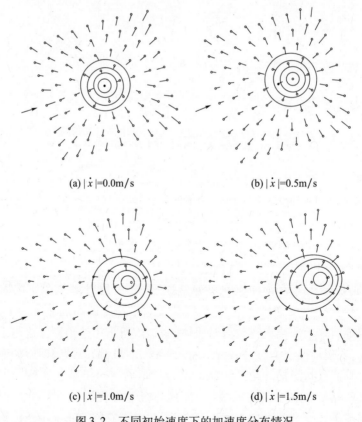

(a) $|\dot{x}|=0.0$m/s
(b) $|\dot{x}|=0.5$m/s
(c) $|\dot{x}|=1.0$m/s
(d) $|\dot{x}|=1.5$m/s

图 3.2 不同初始速度下的加速度分布情况

图 3.2 中,足端触地时的位置会影响支撑期间的净加速度,每个线段表示在触地之前落足位置与净加速度大小和方向的关系,其中的等势线是加速度恒定的线,由内至外依次代表 $|\Delta \dot{x}| = 0.25\text{m}/(\text{s} \cdot \text{hop})$,$0.5\text{m}/(\text{s} \cdot \text{hop})$,$0.75\text{m}/(\text{s} \cdot \text{hop})$ 以及 $1.0\text{m}/(\text{s} \cdot \text{hop})$。每幅图都表示不同初始速度下的加速度分布情况,图中的箭头表示运动方向和运动平面的投影,图中小黑点表示触地时的质心位置。从图中看到支撑中质心轨迹是关于运动平面对称的,这些数据来自 3D 单腿跳跃机器人的仿真结果,机器人采用了线性弹簧腿,触地时速度为 $\dot{z} = -1\text{m}/\text{s}$(Murthy 和 Raibert,1983)。

当机体拥有前向速度时,仅预测质心在三维空间中腾空时的运动轨迹可以简化控制问题。飞行相中机体的运动可以由离地时的前向速度向量、重力向量和离地时质心的位置来确定(图 3.3),Sesh Murthy 称为运动平面(Murthy,1983)。由于三维单腿跳跃机器人在运动平面内的行为与二维平面内的模型相同,如图 2.9 所描述的平面机中机体运动轨迹,其也可以用于描述三维空间中机体在各运动平面中的行为。图 2.9 绘制了落足位置与净加速度之间的关系,以及中性点位置与前进速度之间的关系。综上所述,在运动平面内前向运动速度的方向以及运动平面的朝向在下一次摆动前将保持不变①。

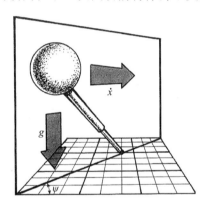

图 3.3 运动平面可通过前向速度向量、重力向量以及机器的质心来确定

当落足位置存在横向偏差时,净加速度将包含侧向分量,就会给机器一个相对于原来前进方向的侧向速度,因此其在飞行中的运动方向也会发生变化,该变化将由触地时的速度向量和姿态,以及支撑时机体的净加速度共同决定:

$$\dot{x}_{i+1} = \dot{x}_i + \Delta \dot{x} \tag{3.1}$$

---

① 这里的讨论假定由机体绕偏航轴旋转引起的陀螺力很小,因此可以视为很小的扰动。另外,虽然机器人的足端处于运动平面上,但其用于控制身体姿态时输出的髋部扭矩也会影响前进方向,而我们目前设计的控制系统将上述姿态与前进速度间的内部耦合视作小扰动。

式中：$\dot{x}_i$ 为前向速度；$\Delta\dot{x}$ 为净前向加速度向量。

综上所述，一个落足位置要么能调节速度，要么能改变运动方向，但不能同时达到上述两个目的。因此，可以定义中性速度落足位置的集合，其中的落足位置能实现在调节前进方向的同时保证运动速度的不变。在图 3.4 中绘制了一些这样的落足位置。另外，我们也能定义中性偏航落足位置的集合，其能在保证运动方向不变的同时调节速度，上述两个集合在中性点相交。图 3.4 中展示的位置集对应于 $\dot{x}_{\text{td}} = 0.4\text{m/s}, 0.6\text{m/s}, 0.8\text{m/s}$ 和 1.0m/s，更大的等势线对应更大速度。这里所有的中性速度位置集在触地时的竖直速度都是 $\dot{z} = -1\text{m/s}$。

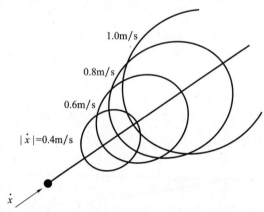

图 3.4　中性速度位置集

对于侧平面上的跳跃运动，当落足点位于平面中线上时，其不存在侧向加速度，此时机器人运动方向笔直向前，机体质心在矢状面上呈周期抛物线运动，机器人的支撑跳跃和摆动落足都在矢状运动平面内完成，这与第 2 章中在平面上奔跑的动物一致。

3.2　3D 单腿跳跃机器人

我们构建的三维空间（3D）单腿跳跃机器人（图 3.5）除以下的两个区别外与平面跳跃机器人基本相似。一个区别是由于三维空间机器人没有铰接固定，所以机体可以在 6 个自由度上运动；另一个区别是髋关节，这里的髋关节采用多自由度万向节，它允许腿同时实现侧向摆动和前后摆动。抛开这些基本区别和一些工程实现上的细节，3D 和平面单腿跳跃机器人是非常相似的。

3D 跳跃机器人的机体是由一个轻质平台和滚笼组成，在其上布置有传感器、气阀、执行器以及一些电子接口，陀螺仪用来测量机体在空间中的横滚（roll）、俯仰（pitch）和偏航（yaw）三个方向角，当机体摔倒时，滚笼起到保护作用。另外，实验时滚笼也可作为固定的把手。

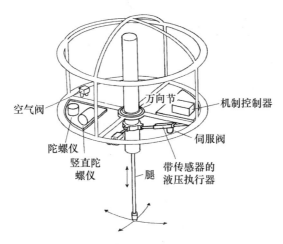

图 3.5　3D 单腿跳跃机器人的示意图

图 3.5 中的机器人样机主要由机体和腿两个部分构成,机体由铝制框架制作,在其上安装有髋部执行器、阀门、陀螺仪以及计算机电子接口;腿的一端带有软脚垫,另一端带有线性电位计的气缸,两个可控气阀压缩气体流入或者流出腿部执行器,压力调节器和止回阀控制执行器上端的压力,腿具有弹性,因此当腿缩短时,滞留在腿执行器中的空气会被压缩。机器人腿部通过一个髋部万向节结构连接到机体,髋部允许在一个方向上有 ±30° 的摆动以及垂直方向上 ±20° 的摆动,一对由压力伺服阀控制的低摩擦液压执行器在腿和身体之间起支撑作用,并用于测量臀部角度。通过传感器测量腿的长度以及机体的姿态角度,通过测量液压执行器长度、速度和气缸的压力来判断足端是否与地面接触气缸的压力。上述模拟量信号在机器上将采集并处理为数字信号通过总线传输到控制计算机,最终通过总线电缆连接机器人与液压源、气源、电源以及控制计算机。

机器人的腿是一个与平面机器人类似的气缸。气缸的上气室作为空气弹簧时,通过向气缸的下气室注入气体来使腿部刚度提升,气动回路如图 3.6 所示。因此,控制系统可以操作这个回路,实现机体在 0.02~0.5m 峰峰值间的振幅变化。

图 3.6 中,气动回路上气室用作缓冲,下气室用作执行器。一个压力调节器保持气缸上气室的压力,以维持其压力大于预设值(一般是 45psi)。当腿压缩缩短时,止回阀允许压力增加而不会让气体通过调节器。开关电磁阀将腿部气缸下气室连接到 80psi 的气源或大气。下气室中的高压使得活塞向上运动腿部缩短。低压使活塞向下运动腿部伸长。在跳跃中控制系统向下气室加压实现在落地支撑排气,而推力幅度定义为进气阀在飞行过程中打开的时间长度。相较于

平面机器人,该方法让腿部控制使用了更少的气体提高了效率。如果活塞和活塞杆密封件没有漏气,那么上气室可以永久保持充压状态,而无须使用压力调节器和阀门。

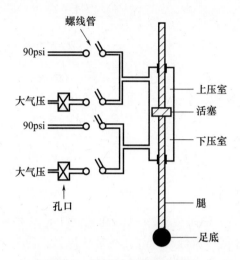

图 3.6　腿部气动回路示意图

在机器的髋部,一对液压执行器控制机体和腿之间的力矩,整体布局如图 3.7 所示,相关的物理参数如表 3.1 所示。机器人控制计算机采用线性伺服系统来驱动这些执行器:

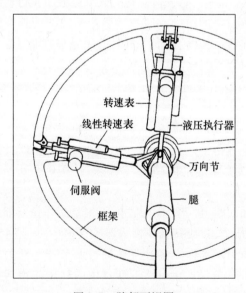

图 3.7　髋部下视图

$$\tau_i = -k_p(w_i - w_{i,d}) - k_v(\dot{w}_i) \tag{3.2}$$

式中:τ_i 为第 i 个执行器的阀门信号;$w_i, \dot{w}_i$ 分别为第 i 个执行器的长度和速度;k_p, k_v 为位置反馈和速度反馈的增益。

表 3.1 三维单腿跳跃机器人物理参数

参数	公制单位	英制单位
总高	1.10m	43.5in
总宽	0.76m	30.0in
髋关节高度	0.58m	23.0in
总质量	17kg	38lbm
无弹簧腿质量	0.91kg	2.0lbm
身体质量/无弹簧腿质量	18∶1	18∶1
身体惯性矩	0.709kg·m²	2420lbm·in²
腿部惯性矩	0.111kg·m²	380lbm·in²
身体惯性矩/腿部惯性矩	6.4∶1	6.4∶1
腿部轴向运动	—	—
行程	0.25m	10.0in
静态力	630N@620kPa	140lb@90psi
腿部摆动运动		
摆动角度	±0.5rad	±28°
x 方向上静转矩	90N·m@14MPa	800lb·in@2000psi
y 方向上静转矩	136N·m@14MPa	1200lb·in@2000psi

图 3.7 中,两个液压执行器控制腿部与机体间的相对位置,实现在一个轴上提供 30°运动范围,在另一个轴上提供 20°运动范围,每个液压执行器都有一个位置传感器、一个速度传感以及一个压力控制伺服阀。伺服阀使执行机构上的压差与控制信号成比例。通过活塞和杆上的游隙密封件将执行机构中的摩擦力保持在较低水平,圆形圈密封件和泄漏排放口连接到回路作为辅助。

机器人腿部完成一个完整的 60°摆动大约需要 70ms,所采用伺服驱动控制的频率是 250Hz。另外,由于机器人的足端比较小,所以它在地面上对姿态轴施加的扭矩可以忽略不计,摩擦力在通常情况下能够防止足端的滑动。

在三维跳跃机器人的早期设计方案中没有一个优选的前进方向,因此整个机器人并没有前后之分,腿也可以在各个方向上顺畅移动。在这个方案的"前进"控制中需要考虑机器人的朝向,也不需要转身,因此使用"前进方向"表示运动的方向,"朝向"表示机体竖直轴,而二者间的差值是航向角。定义前进角为 $\psi = \arctan(\dot{y}/\dot{x})$,其中速度是 $\dot{\boldsymbol{x}} = [\dot{x} \; \dot{y}]^{\mathrm{T}}$,朝向角是 ϕ_Y。对于汽车、飞机、轮船等来说,其前进方向和朝向是严格一致的,但是对于此处的3D单腿跳跃机器人来说它们是不一样的。

3.3　3D单腿跳跃机器人的控制系统

我们构建的3D单腿跳跃机器人将控制任务分解成三个独立的部分,分别对应于前向速度、机体姿态以及跳跃高度。跳跃高度的控制不需要再讨论,因为这个问题的处理方法与二维平面机器人的非常类似,另外,前向速度和机体姿态的控制方式也和二维平面机器人的一样。

3.3.1　前向速度控制

前向速度控制在每个飞行相中为机器人选择了一个前向落足位置,该位置可以在下一次支撑过程中提供期望的净加速度。对于3D单腿跳跃机器人的控制来说,与二维平面机器人采用了相同的方案。前向速度决定了落足的位置,通常情况将其放置在中性点上。前向速度的误差决定落足的偏差,该偏差可以提供一个合适的加速度。腿的中性位置及落足偏差共同决定了最终的落足位置;前向速度控制器在飞行相中控制髋部角度,一旦腿接触到地面,支撑控制器就开始工作,前向运动变成被动模型。

通过 $\dot{\boldsymbol{x}}$ 给定前向速度,腿相对于机体的前向位置由向量 $\boldsymbol{x}_\mathrm{f}$ 表示,上述坐标系的原点与机体质心一起运动,但是其坐标轴的方向在空间中是固定的,因此中性点的位置可以由 CG – print 定义得到,即

$$\boldsymbol{x}_{\mathrm{f}0} = \frac{\dot{\boldsymbol{x}} T_\mathrm{s}}{2}$$

式中:$\boldsymbol{x}_{\mathrm{f}0}$ 为中性点的位置;T_s 为支撑时间。这种对于 CG – print 简化应用与平面运动一样存在相同的问题,即忽略了支撑存在的加减速。

控制系统利用线性函数 $\Delta\dot{\boldsymbol{x}} = -\boldsymbol{x}_{\mathrm{f}\Delta}/k_{\dot{x}}$ 来近似计算腿位置与中性点的位差 $\boldsymbol{x}_{\mathrm{f}\Delta}$,并构建了与净加速度 $\Delta\dot{\boldsymbol{x}}$ 之间的关系,其中 $k_{\dot{x}}$ 是常数。这种近似忽略了在图 3.2 中速度与方向运动变化,控制系统将上述前向速度误差转换成落足的偏差:

$$\boldsymbol{x}_{\mathrm{f}\Delta} = k_{\dot{x}}(\dot{\boldsymbol{x}} - \dot{\boldsymbol{x}}_\mathrm{d}) \quad (3.3)$$

通过将上述中性点及落足偏差结合在一起,得到了用来计算在飞行相中落足位置的公式:

$$x_\mathrm{f} = \frac{\dot{x}T_\mathrm{s}}{2} + k_{\dot{x}}(\dot{x} - \dot{x}_\mathrm{d}) \tag{3.4}$$

由于支撑相时间受腿的弹性影响,所以它在很大程度上是独立于跳跃高度的,对于给定的腿部刚度可以近似为常数。控制系统使用上一个支撑相的时间作为下一个支撑相的期望时间,期望的前向速度 $\dot{x}_\mathrm{d}$ 通过操控人员的摇杆来给定,另外也可以增加全局位置的控制器来代替产生速度控制命令,这在后文中会继续介绍。

式(3.4)仅确定了落足的水平位置,腿的长度即足端的相对高度由控制系统的跳跃控制器确定。一旦控制系统利用式(3.4)计算一个期望的落足位置,就可以采用运动学来计算执行器的长度,从而实现落足位置的控制。F 是将髋部执行器和腿长度转换成足端位置的运动学正解函数。$\boldsymbol{\Phi} = [\phi_\mathrm{P} \quad \phi_\mathrm{R} \quad \phi_\mathrm{Y}]^\mathrm{T}$ 表示绕 pitch、roll 和 yaw 三个轴的旋转姿态角。函数 F 及其逆函数 F^{-1} 在附录3A 中给出。一旦执行器长度已知,则髋部伺服器的位置可由式(3.2)给出。

对于 $\boldsymbol{x} = [x \quad y]^\mathrm{T}$,式(3.4)可以表示成两个标量方程:

$$\begin{aligned} x_\mathrm{f} &= \frac{\dot{x}T_\mathrm{s}}{2} + k_{\dot{x}}(\dot{x} - \dot{x}_\mathrm{d}) \\ y_\mathrm{f} &= \frac{\dot{y}T_\mathrm{s}}{2} + k_{\dot{y}}(\dot{y} - \dot{y}_\mathrm{d}) \end{aligned} \tag{3.5}$$

这等价于使用两个独立的落足控制器来控制两个自由度。

3.3.2 腿运动与前向速度估计

上述控制系统要求能够测量出前向速度。机体在支撑期速度估计 $\dot{x}$ 是最重要的反馈数据,由于腿在支撑期相对于地面是不会移动的,我们可以从腿相对于髋部的运动中反推出质心相对地面的运动速度:

$$\dot{\boldsymbol{x}} = -\dot{\boldsymbol{x}}_\mathrm{f} \tag{3.6}$$

通过运动学可以由髋部执行器长度、腿物理长度以及陀螺仪角度计算足端相对于髋部的位置:

$$\boldsymbol{x}_\mathrm{f} = \boldsymbol{F}^{-1}(\boldsymbol{w}) \tag{3.7}$$

通过对式(3.7)中得到的足端位置进行微分,从而计算支撑期间机器人的速度,而在飞行过程中忽略速度的变化,认为是恒定的离地速度。

3.3.3 控制机体的姿态

控制系统通过给腿与机体之间的髋部关节施加力矩,来维持机体在支撑中的 pitch 和 roll 姿态稳定。由于3D 单腿跳跃机器机体的 pitch 和 roll 方向角与陀螺仪坐标系是对齐的,这样就允许姿态控制伺服器可以不需要对陀螺仪测量值

进行坐标系变换,而直接采用姿态解算结果来控制髋部执行器:

$$\tau_1 = k_p(\phi_P - \phi_{P,d}) - k_v(\dot{\phi}_P)$$
$$\tau_2 = k_p(\phi_R - \phi_{R,d}) - k_v(\dot{\phi}_R) \tag{3.8}$$

式中:τ_1,τ_2 为关于髋部执行器的控制信号;ϕ_P,ϕ_R 为机体的 pitch 和 roll 角;k_p,k_v 是增益系数。

关于 yaw 轴偏航角,其是机体姿态的第三个自由度,即朝向。相对于 pitch 和 roll 角来说,yaw 的控制更加困难,其难点在于我们不能直接产生相应的支撑扭矩来控制,对两腿间轴线的增大或者扩大足端尺寸能够提供矫正偏航运动的力矩,但这同时也会导致机器人更加复杂。由于 3D 单腿机器在偏航角上没有首选方向,因此我们忽视了这个问题并允许机器人在 yaw 轴方向上自由旋转。控制系统通过陀螺仪保持对机器人的偏航角度积分,将其作为测量值,并在坐标转换函数 F 和 F^{-1} 中使用这个测量值。

尽管 3D 单腿跳跃机器人没有涉及轴线力矩控制的方案,但轴线力矩控制是可以采用以下方法实现的。如果系统为控制 pitch 在髋部施加了一个力矩,足端位置处于机体的侧方,因此该力矩还会让系统产生一个 yaw 轴的扭矩,该扭矩与 pitch 力矩和足端位置的偏差成正比,因此控制系统可通过这个扭矩来稳定系统的 yaw 角。而为了补偿该扭矩所带来的 pitch 扭矩和足端侧向位移,控制系统可以通过步态重复交替来实现。例如,在机器人前倾覆的同时迈左腿,而在下一步向后倾覆时迈右腿,从而通过这样的步态交替产生抵消姿态控制的 yaw 扭矩。

但是,采用该方法产生的 yaw 反扭矩在实际中比在机器人在跳跃时被供电电缆拖拽带来的扰动还小,因此系统无法有效地主动控制 yaw 扭矩来调节偏航角。

3.4 三维空间中的跳跃实验

3.4.1 速率控制

跳跃实验中设定的期望侧向速度 $\dot{y}_d = 0$,在 x 方向上期望速度设置如下:以 1.0m/s^2 的加速度从静止加速到 1.6m/s,然后保持匀速前进 2s,之后设定速度为零,机器人大约要花 0.5s 来完成调节,这个延迟是由于机器人需要到下一次落足触地时才能对速度进行调节。实验数据绘制在图 3.8 中,实验中速度控制误差小于 $\pm 0.2\text{m/s}$。机体的朝向角 ϕ_Y 仅对其进行测量而不控制。另外,图中还显示了机器人在实验室中的全局位置、足端相对于髋部的位置,以及机体的航向角等(Raibert,1984)。

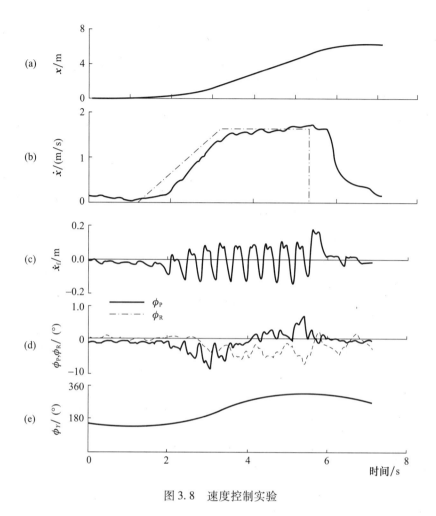

图 3.8 速度控制实验

在奔跑过程中机体姿态与腿部运动呈现反向震荡趋势,就如图 3.8 中 x_f、ϕ_P 和 ϕ_R 所示。pitch 和 roll 震荡幅度随 yaw 轴旋转而相对变化,这里腿部的摆动行为并不是通过精确轨迹规划来实现的,而是通过飞行中前进速度、姿态间相互作用而自然产生的。

在另一个实验中我们给定了一个固定的期望速度,同时速度向量方向会突然进行 90°的转向。直角转弯实验结果如图 3.9 所示,在转向中机器人花费 1s 即两步来改变方向,之后继续直线奔跑。通过给定期望速度向量角度的阶跃信号,让机器人在保证匀速运动时实现直角转弯,图 3.9(a)、(b) 两条曲线绘制了速度闭环曲线,图 3.9(c)、(d) 两条曲线显示了速度和偏航角变化趋势 (Raibert 等,1984)。

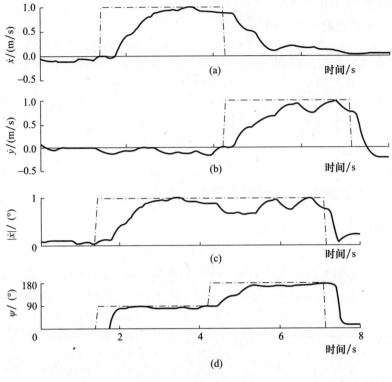

图 3.9 直角转弯实验

3.4.2 位置控制

位置控制环可以让机器人在一个固定位置进行持续的跳跃,也能实现从一个位置跳跃移动到另一个位置,其原理是构建一个 PD 控制器将位置误差转化为期望速度:

$$\dot{x}_d = \min\{-k_p(x-x_d)-k_v\dot{x}, \dot{x}_{\max}\} \tag{3.9}$$

式中:k_p, k_v 为位置和速度的反馈增益;$\dot{x}_{\max}$ 是速度限幅值。

为了控制机器的位置系统,首先需要知道机器人在哪里,控制系统可以采用两种方式来估计自己在房间中的位置:一种是对速度测量值 $\dot{x}$ 作积分;另一种是直接使用实验室里的光学运动捕捉系统来追踪机体上的标志,这与 GPS 定位系统的原理十分类似。

图 3.10 绘制了机器人在固定位置原地跳跃的实验结果,实验中采用速度积分的方式来估计位置,位置控制误差约为 ±0.2m。对于定点跳动,这样的偏差是可以接收的,通过动态捕捉系统可以看到由积分得到的位置估计误差存在 0.5mm 每步的飘移。这意味着,如果机器被设定一个点上持续跳跃并使用积分

器估计位置,它可能会在1min内漂移1m。上述的漂移主要来源是陀螺仪测量误差以及电缆在跳动中带来的未知扰动。

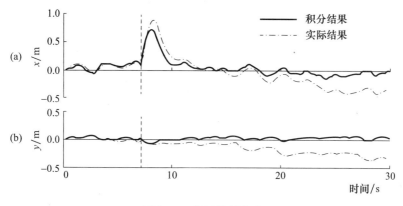

图3.10 位置控制实验

图3.10还绘制了机器人对外部干扰的响应曲线,大约7s时机器人受到了来自外部的水平推动(图3.10中的垂直虚线),可以看到机器人在干扰下仍保持平衡,并在几秒后返回设定点的位置。实验中在对横滚轴和俯仰轴施加较大扰动时,机器人也能保持稳定。

为了对位置控制的综合性能进行评判,控制程序中设定了多个离散路点,每次操作员按下按钮时机器人就会运动到下一个位置,该路点序列遍历了一个边长为2m的方形路径,上述实验如图3.11所示。位置控制期轨迹与实际轨

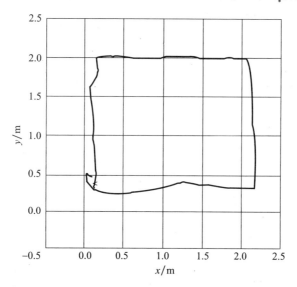

图3.11 3D空间跳跃实验轨迹图

迹以粗线和细线区分,起点为(0.0,0.0),机器人依次通过(0.0,2.0),(2.0,2.0),(2.0,0.0)和(0.0,0.0)(Raibert 等,1984)。当 $y_d=0$ 时,电缆扰动造成位置估计误差最终能大于 0.3m,因此实验中要求电缆足够长,且能够允许机器到达 $y=0$ 的位置。当电缆产生的扰动力与控制系统产生的加速度相同时则系统达到平衡,图3.12是机器人遍历方形路径期间的照片,实验中采用了动态捕捉系统提供的位置测量信息。机器人总共用时 14s 完成了整个运动(Raibert 等,1984)。

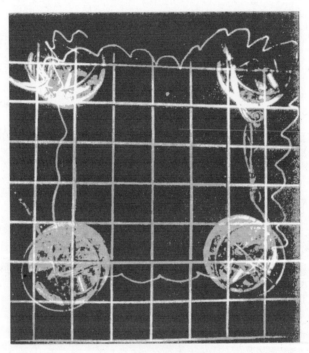

图 3.12 3D 空间跳跃实验

3.4.3 圆形奔跑

通过在平面运动中增加侧向落足偏差能改变运动的前进方向,因此控制系统可以控制落足的侧向位移让机器人沿着特定曲率的圆轮廓运动,则单腿跳跃前进方向的变化量是前向速度和净加速度向量的函数:

$$\Delta \psi = \arccos\left(\frac{\dot{x} \cdot \Delta \dot{x}}{|\dot{x}||\Delta \dot{x}|}\right) \quad (3.10)$$

系统可以通过调整足端侧向位移和奔跑速度来控制转弯量。图 3.13 绘制了 3D 单腿机器人绕圆奔跑的仿真数据,每个轨迹对应的期望前向速度和侧向落足偏差是一个常量,通过改变上述二者都可以调节圆的曲率半径。实验中给

定固定的前进速度,每次跨步存在固定的侧向位移,则机器人实现一个圆形路径运动。图中曲线显示了质心的运动轨迹,×标记为支撑点位置,图中步态的曲线对应着不同的前进速度和侧向加速度(粗线:$|\dot{x}| = 0.6\mathrm{m/s}$, $x_{f\Delta} = 0.04\mathrm{m/s}$;实线:$|\dot{x}| = 0.4\mathrm{m/s}$, $x_{f\Delta} = 0.04\mathrm{m/s}$;点画线:$|\dot{x}| = 0.6\mathrm{m/s}$, $x_{f\Delta} = 0.02\mathrm{m/s}$)(Murthy, 1983)。如该仿真中所示,机器人改变运动路径曲率半径的能力反映了其整体的通行能力,图3.14显示了方形路径。其中上方轨迹是髋部运动轨迹,下方轨迹是足端运动轨迹(Murthy 和 Raibert,1983)。

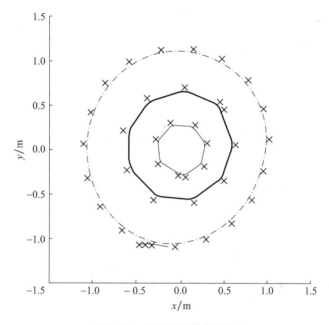

图 3.13 圆形路径仿真实验

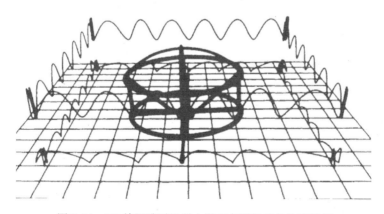

图 3.14 3D 单腿跳跃机器人沿正方形轨迹的仿真结果

总　　结

本章将平面单腿跳跃机器人采用的控制技术向三维跳跃控制进行推广,平面机器人中的三通道解耦控制方法在本章中保留了通用性和易用性。通过前进速度计算落足位置来实现主动平衡与加速度控制,通过支撑中髋部的扭矩来平衡 pitch 和 roll 轴的姿态。

在原地跳跃和轨迹运动实验中,3D 跳跃机器人能实现在无外部支撑保护下的主动平衡,并以最大 ±0.25m/s 的控制精度来实现对速度命令的跟踪。在高速运动下由于估计的 CG 投影的长度和中性点的位置不精确,机器人实际的运行速度会比期望速度滞后,最高的运行速度为 2.2m/s。

实验中,控制系统可以通过对运动速度的积分来估计其全局位置,在设定的固定路线下能实现大约 ±0.2m 的位置控制误差,并进一步实现对特定运动轨迹的跟踪。由于电缆带来的扰动,控制精度会受到影响,但机器人仍然能在受扰动下保持平衡。

附录 3A　3D 单腿跳跃机器人的运动学

定义如下的坐标系 $\{W\}$, $\{H\}$ 和 $\{B\}$,坐标系 $\{W\}$ 是固定在实验室中的世界坐标系,坐标系 $\{H\}$ 的原点随髋关节一起运动,其方向与 $\{W\}$ 平行。坐标系 $\{H\}$ 固定在陀螺仪最里面的万向节上。对于 $\{W\}$ 和 $\{H\}$,其 z 轴与重力向量对齐并指向上。坐标系 $\{B\}$ 固定在机体上,它的原点同样随髋部一起运动,但是 $\{B\}$ 相对于 $\{W\}$ 和 $\{H\}$ 会改变方向。姿态欧拉角基于 $\{B\}$ 系方位确定分别是 (ϕ_Y, ϕ_R, ϕ_P),髋部和关节执行器决定了足端在坐标系 $\{B\}$ 中的位置。

假定 $^P x$ 表示坐标系 $\{P\}$ 中的向量,则从坐标系 $\{B\}$ 到坐标系 $\{H\}$ 的变换关系为

$$^H x = {}^H_B T\, ^B x \tag{3.11}$$

式中:

$$^H_B T = \begin{bmatrix} \cos\phi_P\cos\phi_Y & & -\cos\phi_P\sin\phi_R\sin\phi_Y & \\ -\sin\phi_P\sin\phi_R\sin\phi_Y & -\cos\phi_R\sin\phi_Y & -\cos\phi_Y\sin\phi_P & \\ \cos\phi_P\sin\phi_Y & & \cos\phi_P\cos\phi_Y\sin\phi_R & 0_{3\times1} \\ +\cos\phi_Y\sin\phi_P\sin\phi_R & \cos\phi_R\cos\phi_Y & -\sin\phi_P\sin\phi_Y & \\ \cos\phi_R\sin\phi_P & -\sin\phi_R & \cos\phi_P\cos\phi_R & \\ & 0_{1\times3} & & 1 \end{bmatrix}$$

从坐标系$\{H\}$到$\{B\}$的变换为

$${}^B\boldsymbol{x} = {}^B_H\boldsymbol{T}^H\boldsymbol{x} \tag{3.12}$$

式中：

$${}^B_H\boldsymbol{T} = \begin{bmatrix} \cos\phi_P\cos\phi_Y & \cos\phi_R\sin\phi_Y & & \\ -\sin\phi_P\sin\phi_R\sin\phi_Y & +\cos\phi_Y\sin\phi_P\sin\phi_R & \cos\phi_R\sin\phi_P & \\ -\cos\phi_P\sin\phi_Y & & & \\ -\cos\phi_Y\sin\phi_P\sin\phi_R & \cos\phi_R\cos\phi_Y & -\sin\phi_R & \boldsymbol{0}_{3\times 1} \\ & \cos\phi_P\sin\phi_Y\sin\phi_R & & \\ -\cos\phi_R\sin\phi_P & -\sin\phi_P\sin\phi_Y & \cos\phi_P\cos\phi_R & \\ & \boldsymbol{0}_{1\times 3} & & 1 \end{bmatrix} \tag{3.13}$$

图 3.15 显示了髋部执行器与腿的连杆约束关系，其中髋部执行器长度为 w_1、w_2，腿长度为 r，图中 $l_1 = 0.345\mathrm{m}$，$l_2 = 0.0508\mathrm{m}$，$l_3 = 0.0762\mathrm{m}$，$\alpha = 8.46°$，$B = 27.28°$。

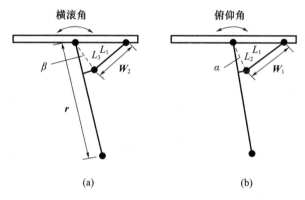

图 3.15　执行器、髋关节和足端运动学关系

从执行器长度到足端相对于髋部位置的正向变换，其在$\{B\}$系中表示为

$${}^B\boldsymbol{x}_f = {}^B_A\boldsymbol{T}(\boldsymbol{w}) = \begin{cases} x_f = r\cos\left\{\arccos\left(\dfrac{w_1^2 - l_1^2 - l_2^2}{-2l_1l_2}\right) + \alpha\right\} \\ y_f = r\cos\left\{\arccos\left(\dfrac{w_1^2 - l_1^2 - l_2^2}{-2l_1l_3}\right) + \beta\right\} \\ z_f = \sqrt{r^2 - x_f^2 - y_f^2} \end{cases} \tag{3.14}$$

由足端位置到执行器长度的逆运动学为

$$w = {}^B_A\bm{T}({}^B\bm{x}_f) = \begin{cases} w_1 = \sqrt{l_1^2 + l_2^2 - 2l_1 l_2 \cos\left\{\arccos\left(\dfrac{x_f}{-r}\right) - \alpha\right\}} \\ w_2 = \sqrt{l_1^2 + l_3^2 - 2l_1 l_3 \cos\left\{\arccos\left(\dfrac{y_f}{-r}\right) - \beta\right\}} \\ r = -\sqrt{x_f^2 + y_f^2 + z_f^2} \end{cases} \quad (3.15)$$

则执行器与足端位置的正逆解符号运算表达如下：

$$\begin{aligned}{}^H\bm{x}_f &= {}^H_B\bm{T}{}^B_A\bm{T}(w) = \bm{F}^{-1}(w) \\ w &= {}^A_B\bm{T}({}^B_H\bm{T}{}^H\bm{x}_f) = \bm{F}({}^H\bm{x}_f)\end{aligned} \quad (3.16)$$

第 4 章　奔跑的双足和四足机器人

在前两章中介绍了机器人奔跑所采用的最简单、最常用的单腿控制模型与方法。单腿模型忽略了多足机器人存在的腿部物理干涉问题,同时也为我们揭示了机器人实现动态稳定控制和跳跃的本质,即机器人如何能实现主动动态平衡控制。本章将主要讨论基于单腿控制模型来实现机器人的快速奔跑,其中的控制方法并不涉及实际四足机器人所需要的复杂步态规划,因为单腿跳跃模型仅能依靠不断跳跃来保证自身的动态稳定。希望通过学习本章内容能更好地帮助我们了解多足机器人奔跑的原理。

基于单腿跳跃模型实现机器人奔跑的核心实际就是将双足或多足机器人简化为单腿构型,采用前文介绍的降维解耦控制原理来实现机器人的稳定奔跑。下文将首先介绍把多足机器人简化为单腿模型的方法,该方法成立的前提是机器人在同一时刻仅有一条腿处于支撑状态,最终借助虚拟腿概念就可将三段式解耦控制的理念推广至 trot、遛蹄(pace)和跳跃(bound)等多种不同的步态中。图 4.1 所示的实验系统就将双足机器人的两条物理腿抽象为一条虚拟腿,之后仅对其进行控制和落足点规划,最终实现在二维平面上的双足机器人的快速奔跑。图 4.1 为限制了横滚角的双足机器人实验平台,机器人能环绕半径为 2.5m 的圆弧连续奔跑,并基于本体传感器和运动学解算完成对机器人高度、速度估算,机器人的供电系统与控制器均放置于圆心万向节基座固定装置上。

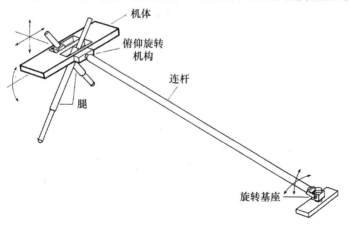

图 4.1　双足机器人实验平台

4.1 单腿稳定控制方法

本节将介绍采用单腿模型实现三通道解耦控制下双足机器人奔跑的方法，所构建的实验平台主要由液压伺服驱动器、储能弹簧、铝合金机体、髋关节旋转执行器和IMU惯性传感器组成。首先我们介绍如何将多条物理腿抽象为一条虚拟腿的方法，通过观察动物奔跑可以发现单腿跳跃和双足奔跑具有很多的共同点，如同一时刻仅有一条腿进行支撑，而另一条腿处于腾空状态并向落足点摆动，通过在奔跑中让支撑、摆动两个相位周期交替最终实现了动态稳定，人类奔跑就是一个十分典型的案例。

综上所述，在不同腿的支撑相与摆动相不存在重合时间的前提下就可以采用单腿模型进行解耦控制，其包括对支撑相使用力控制机身高度，使用髋关节扭矩输出控制俯仰角度，以及摆动相采用髋关节调节落足位置进而修正机器人的运动速度，当摆动相与支撑相以步态周期连续交替时就能实现对机体高度、速度和姿态角的连续控制，即动态平衡。可见，要实现足式机器人解耦控制的核心是规划步态的支撑/摆动切换来满足虚拟腿映射的要求，即需要考虑步态规划。

4.1.1 二维平面约束下的双足机器人

图4.2展示了由Jessica Hodgins和Jeff Koechling设计的双足机器人系统，其采用单腿模型并实现了稳定的高速奔跑，所采用的执行器、传感器与之前章节的单腿弹跳机器人一致。为简化控制问题，该系统对机体横滚轴进行了物理限制，腿部采用了长行程液压驱动器，可以在弹跳过程中实现快速缩回以保证足够的离地高度，以及在支撑过程中提供推力。除了采用液压伺服还增加了弹簧来提高跳跃的储能。图4.3展示了机器人单腿机械结构设计，单腿主要由液压执行器和储能弹簧构成，可以通过测量液压缸流量和弹簧压缩行程来估计机器人与地面的接触力。

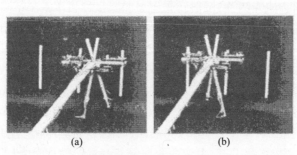

(a)　　　　　　　　(b)

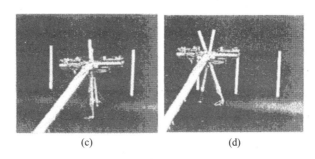

图 4.2　横滚轴受约束下的双足奔跑系统

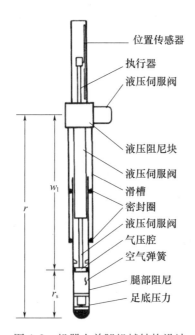

图 4.3　机器人单腿机械结构设计

腿部控制与相位逻辑切换主要是通过一个有限状态机来实现的,每个周期包含 10 种状态(表 4.1)。主状态机包括 6 种状态,每个状态都有各自的动作输出和状态切换条件,为方便描述将两腿分别命名为 A、B 相,支撑相基于三道解耦原理完成弹跳高度控制、姿态控制和前后速度的控制。如图 4.4 所示,当 A 腿支撑时 B 腿处于腾空弹跳状态,二者依次反复循环,状态切换依据各腿传感器数据和步态调度时间触发。

表 4.1 用于同步双腿步态的有限状态机

当前状态	触发条件	执行动作
1. A 相腾空	A 相触地	A 相髋关节力矩为 0 B 相腾空收缩,髋关节角度保持不动
2. 压缩 A 相	A 相弹簧开始压缩	A 相支撑调节姿态 B 相摆动到落足点对应角度
3. A 相恢复	A 相弹簧伸长	A 相调节姿态,弹簧刚度上升 B 相摆动到落足角度
4. A 相全力蹬腿	A 相弹簧接近全长	A 相髋关节力矩为 0 姿态 B 相维持落足点角度
5. A 相飞行	A 相不触地面	缩短 A 相 不要移动 A 相 延长 B 相以便着陆 选取 B 相位置着陆

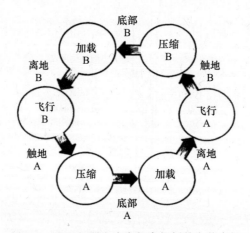

图 4.4 双足机器人步态相序规划的主状态机

奔跑实验中系统的数据波形如图 4.5 所示,可以看到机器人在奔跑中具有较好的稳定性,俯仰角呈周期波动并且误差较小,最高的奔跑速度为 4.3m/s,并且在实验中机器人能实现快速奔跑与原地弹跳间平滑切换。图 4.5(a)显示了各腿弹簧压缩的行程,图 4.5(b)为各腿髋关节的角度,图 4.5(c)为奔跑中俯仰角变换,图 4.5(d)为机器人实时速度,最高速度为 4.3m/s。

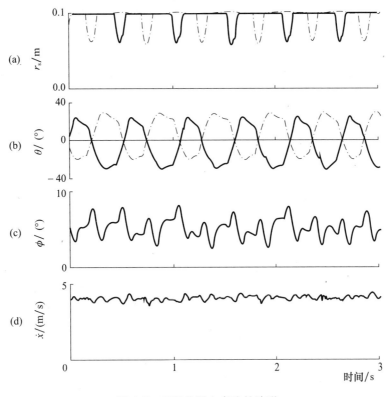

图 4.5 双足机器人奔跑的波形

表 4.1 中,当中间一栏所列的事件发生时,就进入左栏所示的当前状态。在正常的跑步过程中,各状态按顺序推进。对于双足跑步,A 指的是第一条腿,B 指的是第二条腿。对于四足小跑,A 指的是使用左前和右后物理腿的虚拟腿,B 指的是使用左后和右前物理腿的虚拟腿。在 1~5 状态下,A 处于支持状态,B 处于恢复状态。在 6~10 状态下,上述定义是相反的。

4.1.2 采用单腿简化模型控制的四足机器人

通过降维简化可以采用单腿模型实现对双足或单腿机器人的控制,理论上这种单足步态的概念能推广到任意条腿构型中,只需要考虑如何规划摆动腿顺序与落足点即可,步态顺序则可采用{左前 LF,右后 RH,右前 RF,左后 LH}或其他顺序。

但对四足机器人来说其前后腿髋关节间距较远,无法忽略二者的距离,这种跑步方式的一个实际问题是很难让落足点靠近身体的中心,以使足端到达能够提供平衡的支撑点。若将每条腿都安装得过于靠近质心,则会引起干涉。如

图4.6所示,在大自然中动物拥有脊柱和柔软的躯干,奔跑时足端可以在质心下方,同时摆动腿有较大的工作空间进行加速和姿态调节,虽然髋关节离质心很远但同样可以实现对质心的支撑。

图4.6 狗在bound步态奔跑下的高速相机捕捉

虽然髋关节离质心较远,但通过交叉摆动,在保证不干涉的前提下实现虚拟足端在机体下方提供支撑。即使臀部没有靠近质心位置,没有灵活的脊柱,四足动物也可以使用单腿弹跳步态,其关键在于保持步态交替的稳定。对于双足系统,双脚可以放在质心的两侧,交替迈步。这种情况下系统将在支撑阶段向一个方向倾斜,而在下一个支撑阶段向相反方向倾斜。为了使这样的系统达到平衡,相比于倾覆的速率,步频需要比其更高,这样在下一步迈步之前系统就不会完全地倾覆。在第5章中,我们将进一步讨论这种平衡,它依赖于对称的步骤序列来产生身体的互补性俯仰运动。综上所述,采用单腿降维模型实现奔跑即将两组虚拟腿划分为支撑相和摆动相,理论上虚拟腿概念可向任意条腿的机器人推广,但需要解决实际样机中可能存在的物理干涉问题。多腿机器人使用腿步态控制算法只需要控制系统有一个合理的步态切换顺序,对于单腿落足无法满足前后间距过大落足位置不处于质心下方的问题,可以通过对角腿成对运动来解决。

4.2 虚拟腿概念

本节之前提到当多条成对腿协调运动时可采用一条虚拟腿来抽象的"虚拟腿"概念。以四足机器人对角步态为例,可将斜对角线上两条腿抽象为两组虚拟腿从而建立一个双足模型,上述方法可以拓展到trot、pace和bound等多种步态中。这样可以实现一组腿在摆动控制速度的同时另一组腿支撑质心完成动态平衡。

上述方法由 Sutherland 首次提出并应用于其设计的人形机器人系统中,上述步态典型的虚拟腿简化方式如图 4.7 所示。基于刚体假设,作用在虚拟腿和两条腿上产生的力与力矩一样,足底力对机体产生的转动惯量一样。对于虚拟腿的落足位置来说,各物理腿具有与虚拟腿相对虚拟髋关节一致的落足偏差。

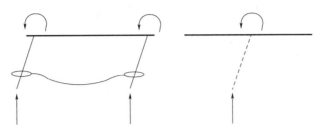

图 4.7 trot 步态下的虚拟腿简化示意图

当两条腿同步运动时可以抽象一条等效的虚拟腿,物理腿和虚拟腿在本体产生相同的力和转动惯量,图 4.7 中虚拟髋关节放置于机体中心也就是质心位置。另外,之前提到了简化模型需要保证同一时刻只有一组支撑相,因此采用虚拟腿概念设计步态时还要保证两个物理腿同时触地和离地,这样才能产生相匹配的足端反作用力并进一步在物理腿中进行分配。

综上所述,物理腿足端反作用力输出时的平衡分配问题是该框架中最重要的概念,通常在控制中假设虚拟腿位于两物理腿连线中点,通过构建静力学模型(参考本章附录 4A),就可以完成对虚拟力的分配。

如图 4.8 所示,在 trot 步态中对角腿成对运动,在相同时间实现触地和离地,二者具有同步的摆动相。在 pace 步态中,左右两侧腿成对运动,bound 步态中前后两组成对。基于上述原理采用虚拟腿简化同步运动的物理腿。对 trot 步态来说,虚拟腿构建于两支撑腿连线中点,对于 pace 步态虚拟腿构建在两侧腿的中间,bound 步态在前后两侧腿的中间。在 bound 步态虚拟腿无法在质心处提供支撑,足端很可能由于机械尺寸约束无法靠近质心,便无法简单地将 bound 归入 trot 和 pace 统一的控制框架中,bound 步态对俯仰轴的控制是一个十分重要的研究内容。

虚拟腿简化控制的核心是将虚拟腿产生的虚拟力和力矩控制量分配到每条物理腿上。若两个物理腿距离为 $2D$,则虚拟腿可以位于二者连线中点位置,对于跨腿落足点只需要将虚拟腿相对虚拟髋关节偏差同等分配至物理腿上,对侧向控制所需的 y 方向落足点规划也一样。

综上所述,虚拟腿将步态控制简化为两个状态:一是两个物理腿近似为与虚拟腿一致的行为,二是采用三通道降维解耦方式实现对高度、速度和姿态的控制。

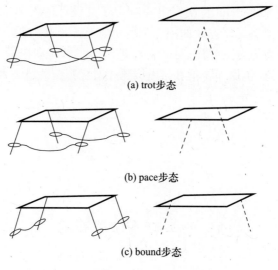

(a) trot步态

(b) pace步态

(c) bound步态

图 4.8　三种典型步态的虚拟腿抽象方法

4.3　基于虚拟腿的四足机器人步态实验

为了验证 4.2 节虚拟腿理论可行性，我们建立了一个四足机器人，并采用该方法实现了 trot 步态移动，如图 4.9 和图 4.10 所示。我们针对下述实验采用的机器人在前两章已经介绍，对于单腿采用的算法可以基于虚拟腿的理论进行推广，通过设计合理的状态机可以让步态相序中成对的物理腿以虚拟腿的运动行为进行同步，其物理参数如表 4.2 所示。

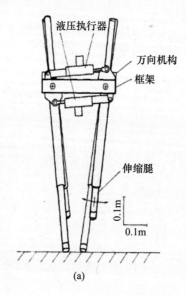

(a)

第4章 奔跑的双足和四足机器人

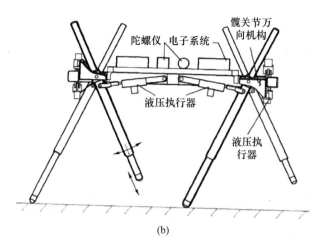

(b)

图 4.9 实验使用的四足机器人

图 4.9 中机器人采用铝制机身承载液压执行器、陀螺仪、主控计算机和其他电子设备,每个执行器有两个液压缸实现对腿部角度和长度的调节,从而改变各腿刚度,机载传感器能实时测量腿长、足端速度和压力,控制系统实时估计各腿触地状态、机体俯仰横滚角度。

图 4.10 四足机器人的 trot 步态实验

trot 步态同时规划了对角腿的同步运动行为,图 4.10 拍摄到了处于腾空相时两条腿的预着地过程,机器人奔跑的速度为 0.75m/s,在实验中机器人上增加了牵引绳来保证机器人的安全。

表 4.2　实验用四足跑步机器人的物理参数

参数名	参数值	英制单位
总长度	1.05m	41.2in
总高度	0.95m	37.5in
总宽	0.35m	13.8in
髋关节高度(最大)	0.668m	26.31in
髋关节间距(x)	0.776m	30.56in
髋关节间距(y)	0.239m	9.40in
腿摆角(x)	±0.565rad	±32.4°
腿摆角(y)	±0.384rad	±22.0°
腿行程(液压)	0.229m	9.0in
腿行程(弹簧)	0.102m	4.0in
身体质量	25.2kg	55.4lb
体惯性矩(x)	0.257kg·m²	880lb·in²
体惯性矩(y)	1.60kg·m²	5470lb·in²
体惯性矩(z)	0.86kg·m²	6340lb·in²
腿质量(总计)	1.40kg	3.08lb
腿质量(非簧载质量)	0.286kg	0.63lbm
腿部惯性(关于胯点)	0.14kg·m²	480lb·in²
腿弹簧刚度(20psi)	2100N/m	12lbf/in
胯点扭矩(2000psi)(x)	111N·m	983in·lbf
胯点扭矩(2000psi)(y)	77.6N·m	687in·lbf
腿推力(2000psi)	765N	172lbf

4.3.1　单腿算法

四足机器人采用了之前提到的单腿弹跳方法计算落足点位置,通过在飞行相规划落足点实现前向速度控制:

$$x_{f,d} = \frac{\dot{x} T_s}{2} + k_{\dot{x}}(\dot{x} - \dot{x}_d) \qquad (4.1)$$

式中:$x_{f,d}$为虚拟腿期望落足位置;$\dot{x}_d$为机体坐标系下的期望速度;$k_{\dot{x}}$为对角增益矩阵。

在支撑控制时机体姿态通过髋关节的虚拟伺服控制率实现:

$$\tau_x = -k_{p,x}(\varphi_P - \varphi_{P,d}) - k_{v,x}\dot{\varphi}_P \qquad (4.2)$$

$$\tau_y = -k_{p,y}(\varphi_R - \varphi_{R,d}) - k_{v,y}\dot{\varphi}_R \qquad (4.3)$$

式中：τ_x, τ_y 为虚拟髋关节扭矩；φ_P 为机体俯仰；φ_R 为横滚角度；k_p 为比例系数；k_v 为阻尼系数。

在该实验中采用一个双通道遥控器给定 $X-Y$ 轴的速度命令，状态估计器假设支撑时足尖与地面无滑移并结合机器人运动学对速度进行估计。

上述实验中，基于弹簧负载倒立摆 SLIP 模型认为腾空相时机器人速度保持恒定。在支撑周期 T_s 内系统完成对液压伺服执行器流量的控制，进而改变虚拟腿的长度和虚拟弹簧刚度，则物理腿的实际长度为液压缸长度加上弹簧长度，虚拟腿长度为两个物理腿的平均长度。

在机器人腾空的过程中，我们假设其前向运动速度是不变的，通过控制系统在每个支撑周期中对时间的估计，并采用上一次的预测结果来实现控制。控制系统调节液压缸的长度来改变虚拟腿的运动趋势，并最终实现在奔跑过程中的跳跃，在图 4.3 中显示了物理腿长度、液压缸长度与弹簧长度间的关系。对于两个物理腿的液压缸长度来说为二者的平均值，当一个虚拟腿处于回弹状态时，期望的液压缸长度会缩短来保证足端与地面的持续接触，当一个虚拟腿处于预触地与压缩状态时，期望的液压缸长度会设定为一个固定值，当在支撑中机身由腿部加速向上时，液压缸期望长度增加。

4.3.2 虚拟腿理论的实现

为了让腿成对协调工作，需要对物理腿落足进行同步，以保证它们在每个步态周期内仅有支撑和摆动状态。对于 trot 步态来说落足选择十分简单，因为前后两腿髋关节位置相对质心对称，虚拟腿放置在二者连线中点，则各物理腿相对髋关节落足点偏差与虚拟腿相对质心（虚拟髋关节）偏差一致：

$$x_{h,i,d} = x_{h,j,d} = x_{f,d} \tag{4.4}$$

$$y_{h,i,d} = y_{h,j,d} = y_{f,d} \tag{4.5}$$

式中：$x_{h,i,d}$ 为第 i 条腿相对髋关节的足端 x 方向偏差；$x_{f,d}$ 为虚拟腿相对质心的落足偏差。

当知道了每个腿的落足点，基于正逆运动学就可以解算出各关节角度并进一步换算出液压执行器长度。

为了保证两条腿同步触地，提前落地的腿需等待后者触地才能进行相位的切换，简单来说，可以基于运动学和姿态解算数据计算各腿触地时的预估长度，但该方法仅适用于平地。另一种更好的方法是通过力柔顺控制来代替运动学逆解控制，即在一条腿触地进入压缩后采用阻抗控制到另一条腿触地，之后虚拟腿才真正切换进入支撑相。

为了保证对一个虚拟腿对应的两条物理腿同时接触地面，控制系统在腾空中调节腿的长度，保证足端具有相同的高度，这个调整过程主要是对腿部长度的修正与改变。这过程除了考虑了两个物理腿的平均长度,还修正了俯仰和横滚角度对运动学带来的偏差。

对于摆动的同步处理能保证在平坦地形下物理腿的同步着地,但是对于非平坦地形这样的机制是无法沿用的。另外一种方法是分别对两条腿进行处理,当一条腿接触地面时采取受约束的控制,另一条腿继续伸长直到所有腿接触地面才进入支撑,但这样的机制十分依赖于执行器的响应速度。

最终,将上述虚拟控制量转换化执行器的输出,即通过控制直线液压缸长度来完成支撑过程中所需的弹簧力调节:

$$\omega_{1,i,d} = \omega_{1,i} + \frac{r_{s,i} - r_{s,j}}{2} \tag{4.6}$$

式中:$\omega_{1,i}$为液压缸的长度;$r_{s,j}$为当前长度;$r_{s,i}$为期望长度。

图4.11显示了机器人在运动中的弹跳趋势,图4.11(a)显示了左前腿和右后腿空气弹簧的压缩幅度;图4.11(b)显示了对于虚拟腿在力控制时的误差,虚线为左后腿和右后腿的误差;图4.11(c)显示了机体相对地面的高度,其由控制系统估计得到,曲线的不连续是由于足端离开地面瞬间对机体竖直方向上的速度估计会带来误差。

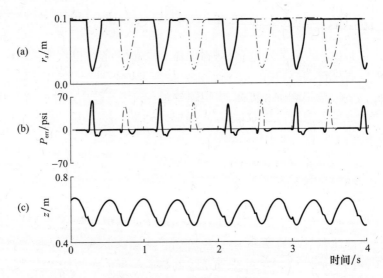

图4.11 trot步态下的实验数据

这种差动调节迫使弹簧压缩行程一致从而产生相同的轴向力,一旦知道了所需执行器的长度就可以基于阻抗控制方法构建简单的PD模型产生相应的足端力:

$$f_i = -k_p(\omega_i - \omega_{i,d}) - k_v(\dot{\omega}_i) \tag{4.7}$$

式中:f_i 为执行器最终信号输出;$\omega_{i,d}$ 为期望液压缸长度。trot 步态的数据波形见图 4.11,同步触地保证了成对腿间仅有较少触地误差,竖直方向上的高度呈现周期变化。但该控制系统对前进速度的控制性能较差,在期望和实际速度间有着较大的稳态误差,如图 4.12 所示,俯仰角最大控制误差为 8°,其波动幅度与前进速度相关,在实验中对横滚角的控制误差在 5°内,但实际上对其控制相比其他自由度更加困难。通过遥控器给定期望速度,可以看到速度控制误差较大。

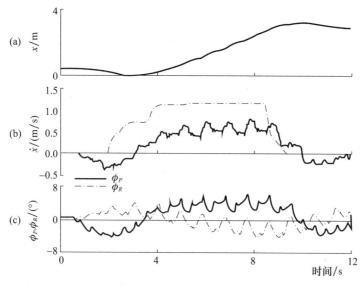

图 4.12　前向奔跑实验波形

4.4　四足机器人控制方法讨论

在上述研究中,我们不但考虑了虚拟腿触地时力合理分配的问题,还讨论了 trot 步态中某条虚拟腿对应的两物理腿同步触地的问题,这使我们能基于之前的单腿模型完成对落足点的同步控制,也使得三通道降维解耦控制能扩展至四足机器人中。

但是这种方法实际上限制了控制系统的最优性能,因为通过将控制系统限制在这种特定的同步约束下,我们放弃了动态控制中的一些自由度。如果没有这个限制,控制系统不但可以调整腿部的轴向差力和臀部的扭矩,而且可以调节支撑时的虚拟腿足端位置。系统能在触地时调节不同腿的力和力矩控制机体位姿,这样的方式比仅触地瞬间依靠被动稳定性更有效,虽然规划腿长的方法能更好地纠正前向速度,但这将是以牺牲控制系统的简约性为代价的。这种额外的控制在低速运动或腿比较短,容易发生迅速倾倒的机器人系统来说可能特别有用。

另外,上述所有理论都忽略了机器人腿部质量和惯量,因此仅在腿部质量较轻且步态频率较低的机器人中适用。使用虚拟腿的另一个后果是,在采用力平衡时有可能会放弃另一组腿所能带来的被动稳定性。虚拟腿力分配即仅考虑静力学下的力平衡问题,当机身负载不均匀时为保证姿态稳定,离质心更近的腿需要产生更多的力。另外,若机器人模型是完全可知的,则可设计控制器实现对期望命令的精确跟踪,即传统的基于模型控制的方法,但由于建模误差,只有通过重新调节参数才能达到理论上的控制效果。综上所述,三通道解耦控制结合虚拟力分配能十分简洁地实现对多足机器人的动态稳定控制,在第 5 章将继续介绍基于静力学的力分配理论。

实验表明,这种摒弃腿部被动稳定性的方法是可行的,但它使我们陷入了一个两难的选择。一方面,采用力平衡机制的虚拟腿方法能够极其简单地实现相对复杂的步态运动;另一方面,我们认为一个设计良好的控制系统应该利用机械内在的稳定性与特性,如果机械设计得很巧妙,所有步态行为都应该就是其固有的机械行为,控制系统只需要对其进行微调,而不必与机械特性"逆势而为"。这种在机械和控制之间巧妙分配的设计才会产生更简单、更耐用和更有效的机器人。由于使用力平衡虚拟腿的控制系统抛弃了腿部的被动稳定性,而不是设法利用它,我们认为它最终会被更好的方法所取代。

尽管有这些限制,但四足动物步态运动中力平衡仍然是被使用的。我们可以通过测量跑步中四足动物腿部轴向力来验证,实验使用多个压力测试平台,通过向上或向下移动支撑面来干扰动物的站立。如果力的平衡是有效的,腿部轴向力的差异将不会受到扰动的影响。动物也许不会实现精确的力平衡,因为动物身体的质量分布本身就存在一定差异,而且前腿和后腿往往也不等长。因此,测量的结果可能会是腿部提供的力与身体质量分布引起的载荷成比例。

除了 trot 步态,还有两种四足跑的步态,应该也可以采用虚拟腿法,即 pace 步态和 bound 步态。这两种步态和 trot 步态一样,也使用成对的腿,但它们同时还涉及身体的俯仰和滚动运动,需要更复杂的方法来兼顾身体的姿态和向前速度控制。

例如,如果跑步中存在一个有节奏的机身滚动或俯仰运动,那么在触地期间将身体保持为一个固定水平姿态似乎并不是最好的选择。同样,pace 步态和 bound 步态的奔跑速度往往会在步态交替中发生变化,因此控制系统应该适应这些变化。虽然现有的控制系统没有提供控制步幅的机制,但这对整个控制框架的影响不大,并不需要进行很大的修改。

第4章 奔跑的双足和四足机器人

到目前为止,我们主要考虑的是虚拟腿运动规划,它代表的是成对物理腿的行为。这个概念中虚拟腿可以扩展,代表在时间上具有重叠依次行动特性的物理腿。最简单的方法是将支撑周期划分为子区间,在子区间内由一组固定的腿来提供支撑,这样整个支撑周期将由一连串的虚拟支撑阶段组成。对于旋转奔跑的四足机器人来说,支撑腿序列是:①右后方;②右后方和左后方;③左后方;④左后方和左前方;⑤左前方;⑥左前方和右前方;⑦右前方。上述序列中最核心的机制,是需要能够在不破坏身体的弹跳运动约束下,实现从一条腿到另一条腿支撑的平稳切换。基于这样的框架,我们就可以使用虚拟腿的方法来理解和实现奔跑。

本章讨论了几种步态的设计方法,但并未涉及步态的切换与选择。对于动物而言,步态运动所消耗的能量似乎是选择步态的一个重要因素。此外,动物在切换速度时也会改变步态(Hoyt 和 Taylor,1981)。动物身体结构也可能影响步态的选择。例如,在低速奔跑时,长腿动物使用 pace 步态而不是 trot 步态,这可能是为了避免前腿和后腿之间的干扰(Hildebrand,1968)。另外,腿部运动范围等因素也同样重要,虽然上述潜在的步态切换因素在目前并没有一个明确的标准,确定在运动中采用特定的步态。

总　　结

(1)基于虚拟腿理论能将单腿模型下的运动控制算法扩展到多腿机器人中。

(2)三通道解耦控制理论要求每个相序仅一条虚拟腿支撑/一条虚拟腿腾空,因此该方法与物理腿的数量无关。

(3)在控制中需要合理规划步态相序保证虚拟腿支撑摆动的交替,同时还需要考虑摆动中腿和腿间存在的物理干涉问题。

(4)对四足机器人 trot 步态来说,成对协同运动的物理腿可用一个等效的虚拟腿来表示(Sutherland,1983),进而采用单腿算法设计合理的步态相序,并通过有限状态机调度实现不同规划。采用静力学分配的方式来实现支撑时姿态的调节,虽然抛弃了机器人自身存在的被动稳定性,但大大提高了其动态平衡能力。

附录4A　虚拟腿的静力平衡

下文将介绍虚拟腿控制框架,基于物理腿位置采用静力学分析的结果,图4-13中仅考虑机器人瞬时静态情况,其中 F 为力,τ 为扭矩。

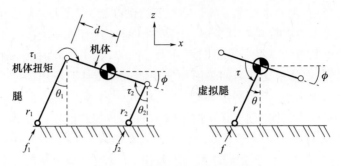

图 4-13 机器人瞬时静态情况

假设虚拟腿足端位于实际腿足端连线上,因此有

$$r_1\cos\theta_1 + r_2\cos\theta_2 = 2r\cos\theta = 2A \tag{4.8}$$

机体姿态 ϕ 与 θ_1, θ_2 的关系如下:

$$r_1\cos\theta_1 - r_2\cos\theta_2 = 2d\sin\varphi \tag{4.9}$$

则基于静力学平衡分析机体力平衡和扭矩平衡关系有

$$\begin{aligned}\sum F_x &= f_1\sin\theta_1 + f_2\sin\theta_2 - \frac{\tau_1}{r_1}\cos\theta_1 - \frac{\tau_2}{r_2}\cos\theta_2 \\ &= f\sin\theta - \frac{\tau}{r}\cos\theta \\ &= B \end{aligned} \tag{4.10}$$

$$\begin{aligned}\sum F_z X &= f_1\cos\theta_1 + f_2\cos\theta_2 + \frac{\tau_1}{r_1}\sin\theta_1 + \frac{\tau_2}{r_2}\sin\theta_2 - mg \\ &= f\cos\theta - \frac{\tau}{r}\sin\theta - mg \\ &= C \end{aligned} \tag{4.11}$$

$$\begin{aligned}\sum M_{cg} &= f_1 d\cos(\theta_1 - \varphi) + f_2 d\cos(\theta_2 - \varphi) \\ &\quad - \frac{\tau_1}{r_1}(r_1 + d\sin(\theta_1 - \varphi)) - \frac{\tau_2}{r_2}(r_2 - d\sin(\theta_2 - \varphi)) \\ &= -\tau \\ &= D \end{aligned} \tag{4.12}$$

基于上述等式,我们能求解出满足静力学约束的执行器角度和长度,即对应物理腿足端力向量方向和幅值:

$$r = \frac{A}{\cos\theta} \tag{4.13}$$

$$\theta = \arctan\left(\frac{B + D/A}{C}\right) \tag{4.14}$$

$$\tau = D \tag{4.15}$$

$$f = \frac{B + \tau/r\cos\theta}{\sin\theta} \tag{4.16}$$

对虚拟腿来说,若当前物理腿偏角很小,则可近似认为 $f_1 = f_2$,$r_1\sin\theta_1 = r_2\sin\theta_2$,从而虚拟腿力矩输出和方向可近似为

$$r \approx \frac{r_1 + r_2}{2} \tag{4.17}$$

$$\theta \approx \frac{\theta_1 + \theta_2}{2} \tag{4.18}$$

$$f \approx 2f_1 \tag{4.19}$$

$$\tau \approx \tau_1 + \tau_2 \tag{4.20}$$

第 5 章　奔跑中的对称性

机器人奔跑是由一系列的跳跃运动和腾空运动组成的,每一个运动周期,都通过足端支撑力对机体进行控制。跳跃运动通过腿部接触地面后在垂直地面的方向进行往返运动,而腾空发生在机器人飞行相的过程中。若腿部系统要保持前进速度不变,并且机身需要保持稳定的直立姿态,则机身的净加速度必须为零。这就要求腿施加在身体上的扭矩和水平力在每一步的积分都必须为零,垂直力积分等于身体的重量乘以步幅的持续时间,这同样适用于奔跑的机器人和奔跑的动物。

虽然有许多机身和腿部的运动模式可以满足这些要求,但当每个变量都在支撑过程中以偶数或奇数对称性变化时,会出现如下描述:

$$\text{机身对称性:} \begin{cases} x(t) = -x(-t) \\ z(t) = z(-t) \\ \phi(t) = -\phi(-t) \end{cases} \tag{5.1}$$

$$\text{腿部对称性:} \begin{cases} \theta(t) = -\theta(-t) \\ r(t) = r(-t) \end{cases} \tag{5.2}$$

式中:x、z 和 ϕ 为机身的前向位置、垂直位置和俯仰角度;θ 和 r 为矢状面下腿的角度和长度(图 5.1)。这些对称方程表明,机身前向位置、俯仰角和腿部角度是整个支撑阶段关于时间的奇函数,身体高度和轴向腿长是关于时间的偶函数。另外,对称性还要求执行器以奇偶对称运行:

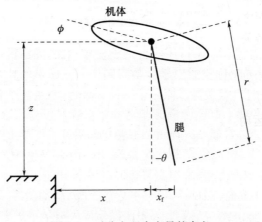

图 5.1　对称方程中变量的定义

$$\text{执行机构的对称性}:\begin{cases} f(t) = f(-t) \\ \tau(t) = -\tau(-t) \end{cases} \tag{5.3}$$

式中：τ 为施加在髋关节上的扭矩；f 为沿腿部轴线施加的力。

这些对称性很重要，因为它们会改变机体加速度，由于整个跨步模型关于时间为奇函数且积分为零，这样使得前进速度、机身高度和俯仰角度在一个跨步到下一个跨步之间保持不变。

正向力矩 τ 作用于髋关节，ϕ 的正方向使机身产生正方向的加速。f 作用于腿部轴线轴上，为正值时将机身推离地面。

上述对称性已经在前三章的控制模型中有过相关描述。对于单腿跳跃机器人来说，对称性较为简单，因为每个步态周期中仅由一条腿提供支撑，每个支撑阶段与飞行阶段独立，同时髋部位于质心处。在本章中，我们将探讨复杂运动下的对称性。在讨论单腿情况之后，我们将对称性扩展到多个物理腿同时支撑的运动中。

对称性可适用于一条腿、两条腿和四条腿，以及更多腿支撑实现的组合步态。本章总结出的对称性可能有助于我们理解动物奔跑的机制。为了探索这种可能性，我们研究了猫的小跑、奔跑以及人奔跑的数据。本章后面描述的结果表明，这些腿足生物系统的运动有时会与对称性非常的符合。

5.1 对称结构力学

简化模型有助于机构对称性的分析。我们假设运动方向仅限于平面内，腿是无质量的，同时系统没有能量损失。物体是一个可以在前后上下运动的刚性物体，并且可以在平面上倾斜，其位置和方向由 $[x\ z\ \phi]$ 描述。每条腿都是一个无质量的构件，在铰链式关节处绕着髋部旋转，通过伸缩来实现压缩与伸长。腿的长度及其相对于垂直面的角度由 $[r\ \theta]$ 描述。每条腿的末端都由足提供一个支撑点。足和地面之间存在摩擦，防止脚在接触时滑动。与地面接触的足在机械上起着类似铰链关节的作用。每条腿的执行机构产生沿着机身和地面之间的腿部轴施加力 f。正向 f 加速身体离开地面时，$f \geq 0$。当足和地面没有接触时，$f=0$。通常，我们认为腿在轴线向上是弹性的，在这种情况下，f 是关于腿部长度的函数。第二个执行器作用于臀部，在腿部和机身之间产生扭矩 τ。正向 τ 加速身体向正向 ϕ 运动。该模型的运动方程见附录 5A。

5.2 单腿对称运动

假设在时间 $t=0$ 时，单腿系统的足端位于质心正下方，身体是直立的，身体的速度水平为零，即 $\theta=0$，$\dot{x}=0$，$\dot{z}=0$（图5.2）。它具有左右对称性并且没有能量损失,因此该系统在相同时间内的前后运动行为一致,具有对 $x=0$ 的对称性。这种行为在对称方程式(5.1)中进行了描述:其中 $x(t)$ 和 $\phi(t)$ 是关于时间的奇函数,$z(t)$ 是偶函数。此时机身沿着相对于原点的对称轨迹运动,且足在支撑原点处,式(5.1)意味着足的运动相对于机身是对称的,式(5.2)给出了腿的对称方程。

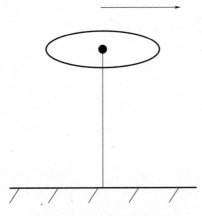

图 5.2 单腿系统的对称性

图 5.2 中,倒立摆运动具有前后对称性(图为左右对称)以及在时间上向前和向后移动的对称性。速度为零时,支撑点位于质心正下方,机身直立:$\dot{\theta}(0)=x_f(0)=\phi(0)=0$。

机身和腿的对称运动需要机器人产生对称性的驱动力,如图 5.3 所示。从运动方程(附录 5A)中我们可以看出髋关节力矩是对机身俯仰角唯一的控制输入,因此 ϕ 为奇数,意味着 τ 也为奇数,在确定上述奇偶性变量的前提下,其他指定变量 f 必须为偶数才能满足运动方程。

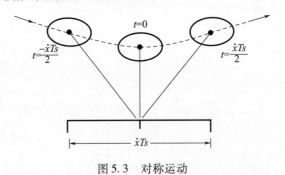

图 5.3 对称运动

当每个步态周期中系统状态不随步态运动变化系统是稳定的。系统状态变量包括机身的前进速度、垂直位置、垂直速度、俯仰角和俯仰角速度。我们用状

态向量 S 表示,即 $S = [\dot{x}\ z\ \dot{z}\ \phi\ \dot{\phi}]$,则稳态定义为

$$S(t) = S(t+T) \tag{5.4}$$

式中:T 为步态周期。对称的机身和腿部运动导致了稳态运动。为了使每一步的前进速度保持不变,作用在机身上的水平力 f_x 必须在每个步态周期内积分为零(一个步态周期内):

$$\int f_x \mathrm{d}t = 0 \tag{5.5}$$

假设腾空过程中 $f_x = 0$,则前进速度不变。其运动方程为 $f_x = f\sin\theta - \left(\dfrac{\tau}{r}\right)\cos\theta$,这是一个奇函数,因为 f、r 是偶数,τ 和 θ 是奇数。因此有

$$\dot{x}(t_{\mathrm{lo}}) - \dot{x}(t_{\mathrm{td}}) = \int_{t_{\mathrm{td}}}^{t_{\mathrm{lo}}} f_x \mathrm{d}t = 0 \tag{5.6}$$

当足放在中立点时,机身有一个对称的运动。图 5.3 描绘了从左到右的奔跑过程,最左边的图显示了在足端触地之前的情况。当腿部被最大压缩和垂直时为图中间的状态,而最右边的图显示了足端离开地面时的情况。

图 5.3 证实了对称运动不会对身体产生净水平力,奔跑运动从一个到下一个跨步之间可以稳定切换。

对于对称运动,垂直位置和速度也在稳态下进行。机身的高度是关于支撑时间的偶函数,所以 $z(t_{\mathrm{lo}}, i) = z(t_{\mathrm{td}}, i)$、$\dot{z}(t_{\mathrm{lo}}, i) = -\dot{z}(t_{\mathrm{td}}, i)$。在飞行过程中,机身沿着抛物线轨迹运动,如果我们在飞行中途指定 $t=0$:$z(t_{\mathrm{td}}, i) = z(t_{\mathrm{td}}, i+1)$ 和 $\dot{z}(t_{\mathrm{td}}, i+1) = -\dot{z}(t_{\mathrm{lo}}, i)$。因此,$z(t_{\mathrm{td}}, i) = z(t_{\mathrm{lo}}, i+1)$ 或 $z(t_{\mathrm{td}}, i) = z(t_{\mathrm{td}}, i+T)$ 为 z 方向上的稳态条件,$\dot{z}(t_{\mathrm{td}}) = \dot{z}(t_{\mathrm{td}+T})$ 为 $\dot{z}$ 方向上的稳态条件。

飞行时作用在机身上的力矩为零,而在支撑时作用在机身上的力矩为奇函数,因此,在支撑时机身俯仰角速度的净加速度为零,即 $\dot{\phi}(t_{\mathrm{lo}}) = \dot{\phi}(t_{\mathrm{td}})$ 为 $\dot{\phi}$ 的稳态条件。为了使机身的俯仰角在稳定状态下继续运动,飞行结束时的俯仰角必须等于飞行阶段开始时俯仰角的相反值。假设机器人在支撑时保持对称性,使 $\phi_{\mathrm{lo}} = -\phi_{\mathrm{td}}$,并且在飞行过程中没有扭矩作用于身体,则

$$\frac{\dot{z}(t)}{-g} = \frac{\phi(t)}{\dot{\phi}(t)} \tag{5.7}$$

式中:g 为重力加速度,式(5.7)描述了稳态运行所需的俯仰角、俯仰速率和垂直速度之间的关系。当没有俯仰运动时,即 $\phi(t) = 0$ 和 $\dot{\phi}(t) = 0$,这很容易成立,如同人类跑步和四足动物奔跑中我们看到的实际情况一样。方程式(5.7)得出了飞行过程中出现的第二个对称性条件。该条件给出的 $f = 0$、$\dot{z} = 0$ 和 $\phi = 0$,即确保了飞行过程中机体运动轨迹的对称性。

综上所述，对于单腿系统只有对称的腿部运动才能保证机体运动轨迹的对称性，如果 x、z 和 ϕ 符合式(5.1)中的对称性，那么 τ 必须是偶数，θ 必须是奇数。证明见附录5B。

5.3 非对称步态

运动对称性不必局限于一个步态周期中，因此我们可以关注多个步态周期之间的对称性，即当两个步态周期中产生互补加速度时，对称性也同样适用，此时对称性分布在多个支撑间隔上。假设单个支撑周期中系统偏离了对称点，但两个连续支撑周期之间形成了互补的运动。图 5.4 显示了一系列这样的反对称运动。在每个步态周期内，机身的运动轨迹是不对称的，系统会加速，因为足端偏离了中性点。然而，如果下一步的足部位置得到了补偿，那么连续几步的机身运动就会以数值相同和方向相反的加速度保持平衡。式(5.1)~式(5.3)描述了机身和腿的行为，我们将两步中间时刻定义为 $t = 0$。

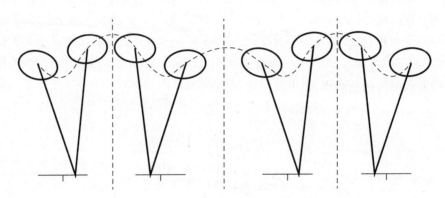

图 5.4 增加偏移量的对称性弹跳

目前为止，我们假设前进速度非零，但也可以为零。反对称运动可适用于原地运动，此时没有前进速度。例如，若落足位置使得在支撑中机体速度的水平分量在不同支撑阶段刚好相反，并且在每个步态中都保持这种运动模式，则平均前向速度将为零，则系统实现往返跳跃。这恰恰与在平面上观察到人或四足动物的行为非常类似。

如图 5.5 所示数据，我们修改了之前单脚跳跃的控制算法，在每偶数步上为落足位置上添加偏移 Δx，并在每一个奇数步上减去 Δx。对于较小的 Δx 值，系统从一侧跳到另一侧，没有净向前加速度。系统保持了平衡，这说明若偏移量足够小，则机器人在下一步落足之前是不会完全倾倒的。

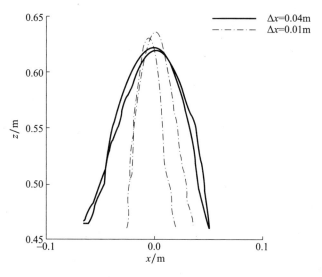

图 5.5 原地跳跃的对称曲线

5.4 多腿运动的对称性

一个双足机器人系统可以有各种各样的步态,机器人可以实现直行、双腿跳跃、单腿跳跃或者交叉跳。图 5.6 展示了三种典型的步态。然而,在各种步态下具有对称的身体和腿部的运动行为都能产生较稳定的运动行为。

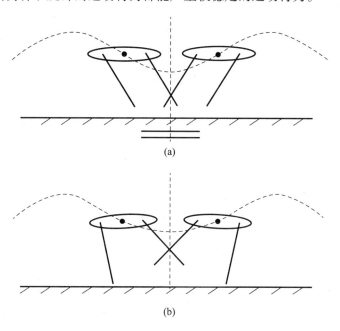

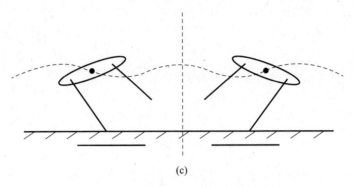

(c)

图5.6 两条腿运动的三种情况

图5.5中的曲线显示了一个单腿跳跃机器人在原地跳跃时身体轨迹。控制算法是由Raibert、Brown和Chepponis在1984年设计的。实验中,每当在偶数跳跃次数上,偏移量Δx被加到落足点位置中,在奇数跳上被减去。Δx的大小被设置为两个不同的值,分别显示在两条曲线中。该图显示了其垂直平面中的运动曲线。

多腿机器人的对称性与单腿系统对称性定义相同,但腿的对称性和执行器的对称性都需要做轻微的调整。每条腿和执行器变量θ、r、τ、f具有与之前相同的含义,下标用于区分腿号:

$$\theta_j(t) = -\theta_k(-t) \tag{5.8}$$

$$r_j(t) = r_k(-t) \tag{5.9}$$

$$\tau_j(t) = -\tau_k(-t) \tag{5.10}$$

$$f_j(t) = f_k(-t) \tag{5.11}$$

对于两条腿的机器人系统,$j=1, k=2$。对于四条腿的机器人系统,借助虚拟腿理论将两两进行配对:$j=[1,4]$和$k=[2,3]$或$j=[1,4]$和$k=[3,2]$,上述配对方式取决于步态,其中1表示左前腿,2表示左后腿,3表示右后腿,4表示右前腿。

身体的对称运动不再仅仅是单腿自身的对称性运动。相反,两条虚拟腿交替互补的跳跃行为是稳定运动关键。这种运动对称性适用于多条腿同步运动、多腿交替运动(交替运动又分双支撑和单支撑)。上述对称性仅讨论了足端触地的情况,如果在飞行相阶段,腿的运动不影响系统的对称性。当单腿支撑时,式(5.8)~式(5.11)中$j=k=1$。

针对双足机器人对称运动的条件和单腿跳跃机器人基本一样,但不再需要落足位置一定位于机身质心正下方。图5.7展示了两种对称结构下的双足机器人,它们的落足点都没有在机身质心的正下方。上述构型中虚拟腿的支撑中心均位于机身质心正下方,但图5.6(c)中,其结构没有保证中心支撑,如果站在整个步态周期的角度去衡量,后续支撑腿的反对称运动将产生身体整体的对称性行为。

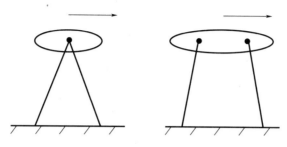

图 5.7　两条腿支撑的对称运动

综上所述,当采用双腿做往复运动时,不需要落足在中性点上,就可以达到稳定状态。当身体很长而且质量不均匀时,单腿落足点可能会因为腿部运动空间不足而无法到达机身质心的正下方。这种情况在四足动物跳跃和疾驰中的侧向平面上较为明显,而在四足动物运动的前向平面上出现得较少。

5.5　动物奔跑中的对称性

前面章节详细讨论了对称性在足式机器人控制中的重要性,那么对称性在奔跑动物的行为中起什么作用呢?针对足式机器人实现对称性设计能帮助我们理解和实现类似动物的奔跑吗?

大约 20 年前,Hildebrand 第一次认识到对称在动物运动中的重要性。当时他观察到,马左侧腿和右侧腿采用相同的步态但具有 180°的相位差(Hildebrand,1965,1966,1968,1976,1977)。他采用了一个简单数学公式来描述步态四足动物的对称步行和跑步步态,其仅使用了两个参数,即前后腿之间的相位角和腿的占空比。通过引入奔跑中对称性定义,Hildebrand 对 150 多个四足动物的步态进行了区分与描述。

我并没有像 Hildebrand 那样研究动物左腿和右腿之间的运动关系,而是考虑了腿部相对于机身的运动轨迹,以及机体在空间中的运动轨迹,上述运动轨迹都仅考虑运动方向上的向量状面。我分析了猫和人在跑步机上 trotting 和 galloping 的数据。

猫的数据来自 Wetzel、Atwater 和 Stuart(1976)提供的 16mm、100fps 胶片,并经过后处理。每一帧都显示了跑步机上猫的侧视图和用于校准胶片速度的 1ms 计数器,我们在跑步机上以 0.25m 的间隔设置参考比例尺,那些贴在猫皮肤上的小圆形标记使定位识别更加容易,实验中速度设置如下:小跑约为 2.2m/s,快跑约为 3.1m/s。

图 5.8 展示了一只猫在跑步机上以 galloping 步态运动一个步幅的数据。根据对称理论,前向位置 x 和身体俯仰角 ϕ 应该是奇对称的,身体高度 z 应该是偶对称的。如图 5.8 所示,其呈现除了非常明显的对称性,垂直的虚线表示支撑阶段的开始与结束,$t = 0$ 时的垂直实线表示对称点。

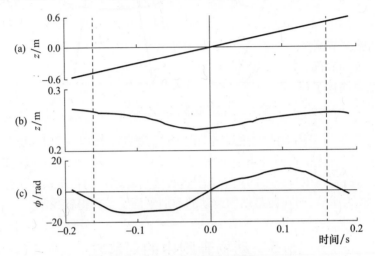

图 5.8 猫的 galloping 步态

图 5.9 展示了猫的腿部运动情况。如图 5.9 所示,腿的摆动角度 θ 具有奇对称性,腿长 r 变化具有偶对称性。当考虑摆动腿时,会发现腿摆动也存在对称性,如 $\theta_{RR}(t) = -\theta_{RF}(-t)$ 和 $r_{RR}(t) = r_{RF}(-t)$。图中,腿角和腿长都显示出非常好的对称性,每条腿的数据仅在其脚接触支撑面时绘制。垂直虚线表示支撑阶段的开始和结束。垂直实线表示对称点,即 $t = 0$。

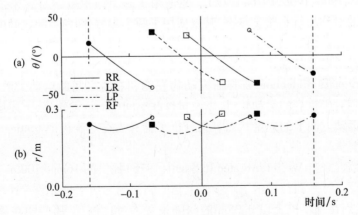

图 5.9 galloping 步态下猫的腿部运动

通过16mm胶片机采集的图像,我们处理得到了在半圆形跑步机上人类跑步的数据。实验中,摄像机安装在半圆中心的三脚架上,可以通过平移来跟踪跑步者,我们每间隔1.0m布置比例尺,实验中人跑步的速度为3.8m/s。

在对猫和人的数据后处理分析过程中,腿和足的位置都是通过视觉识别与定位技术来测量的。通过画出足端到髋部和足端到肩膀连线,可以测量出大腿长度r和髋关节侧摆角度θ。猫的重心被定义为肩膀和髋部之间的中点。身体的俯仰角度即肩部和臀部的直线与水平线之间的夹角,偏移量为$\phi(0)=0$。这些测量结果描述了机体状态的三个参数$[x\ z\ \phi]$,即身体的前向位置、垂直位置和俯仰角度,每条腿采用两个参数来描述,即腿的长度和相对于垂直方向的角度$[r\ \theta]$。上述测量数据除了与落足时刻相关,还提供了支撑中足端相对质心运动的数据。

图5.10展示了人在跑步机上运动的数据,实验对象奔跑的速度为3.8m/s。

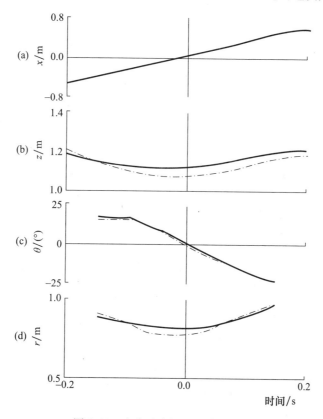

图5.10 人在跑步机上运动的数据

图5.8~图5.10是关于猫gallop步态和人类跑步的数据。这里所有的数据都符合由对称性方程推出来的奇偶特性。部分数据显示足端的位置偏向动物的

臀部,该偏差可以从图 5.11 的相序图看出。对于每条腿来说:$|\theta(t_{lo})|>|\theta(t_{td})|$,同时后一条腿与地面接触的时间长于前一条腿接触的时间。根据本章提出的对称性概述原理,这种偏差可能意味着会在该方向上产生额外的净向前力,其可以加速系统前进,并补偿外部干扰和系统内部的能量损失。

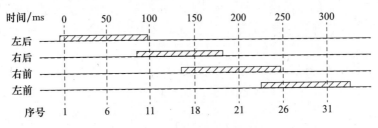

图 5.11　猫 gallop 的步态相序图

图 5.11 中的粗线表示了足端接触地面,整个跨步的持续时间为 350ms,垂直虚线表示图 5.12 中对应的 7 帧图像顺序。

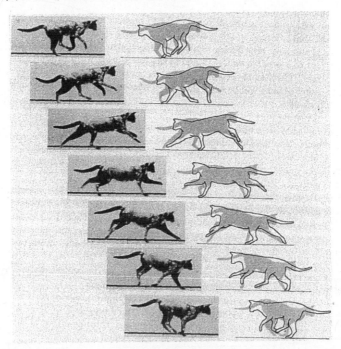

图 5.12　gallop 步态关键帧

另外,上述偏差的存在还有一种解释可能是腿部轴向力不完全符合式(5.11)。例如,因为腿不是无质量的,在与地面的碰撞中会产生不对称的力。另外,支撑中腿还会主动产生推力,来弥补能量损失保证后续的跳跃高度,这种主动力控制将违反对称性公式(式(5.11)),因此在不知道每条腿具体施加的主动力前提下,很难对落足产生的不对称问题进行定位。

这些运行的对称性可通过图像描述,对称方程意味着如果我们同时颠倒前进的方向和时间的方向,即 $x = -x, t = -t$,那么步态行为不应该受到影响:$x(t) = -x(-t)$,这种不变性见图 5.12。特别值得注意的是,此时前进和后退时步态顺序与落足位置是完全重合的,这样的重合也意味着运动对称性方程的成立。

5.6 生成对称运动

以上研究主要讨论了运动中对称性是否存在以及其意义,而对于如何主动产生对称运动却没深入讨论。那么控制系统采取什么行动才能产生对称行为呢?回想一下,在支撑期间,如果 θ、$\dot{z}$、ϕ 都等于零,腿部才会产生对称运动,但控制系统对落足位置的调节会造成 $\dot{z}$、ϕ 不为零。

上述这个问题很容易被解决,由于足端位置偏差会影响下一个支撑周期中质心的运动轨迹,那么如果我们能写出一个表示机体质心在支撑期间运动轨迹的表达式,作为 $\dot{x}(t_{td})$、$\dot{z}(t_{td})$、$\dot{\theta}(t_{td})$ 的函数,我们就可以求解所需的落足位置,但是对于上述模型的封闭解求解十分困难,即使采用简单的倒立摆模型也是如此。

虽然缺乏一个精确的解决方案,但针对一条腿支撑时的单腿步态近似解是存在的。最简单的近似解是假定前进速度在腾空期间是恒定的,并且支撑周期 T_s 是恒定的,则机体运动轨迹只取决于腿和机体的弹簧特性。如前文所述,在这样的近似下,中性点 CG - Point 对应的偏差是 $\dot{x}T_s$,在前面章节中描述的控制系统就是通过这样的近似计算来得出腾空中落足点的前向偏移量。

我们的这种近似解能提供良好的对称性以及在低、中运行速度时的稳定性。图 5.13 所示的数据即第 3 章所述的 3D 单腿跳跃机器人的实验数据。数据表明,基于我们设计的控制系统腿和身体的运动具备良好的对称性。

另一种预测支撑时的机体运动的方式是查表法,即构建一个表,描述向前、垂直速度对应的所有落足位置和触地角度,根据表格的大小可以对速度控制的精度进行调节,在第 7 章我们将更全面地讨论这种方法。

上述实验结果为足端处于中性点时情况,可以看到足端离地时腿的长度比触地时更长,这是因为腿部在支撑中主动伸长来补偿足地接触中产生的机械能量损失。

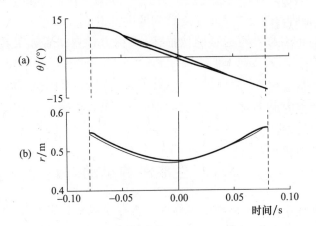

图 5.13 3D 单腿跳跃机器人的实验数据

5.7 剪切对称

当一个人奔跑时,两条腿形成大致对称的角度。前腿与中心轴的角度和后腿与中心轴的角度相等但方向相反。这种对称性包含了步态的速度、跳跃的幅度、步幅的对称性,让人想起在用剪刀剪纸中刀刃来回剪切的样子。

剪切对称即腿在触地和抬起时的角度是相等的。那么利用这种对称性有没有可能用来设计一个运动控制算法,其不考虑机器人向前的速度和支撑的周期?剪切算法描述如下:

$$\theta(t_{td}, i+1) = -\theta(t_{lo}, i) \tag{5.12}$$

式中:$\theta(t_{lo}, i)$ 是第 i 步,腿抬起的角度;$\theta(t_{td}, i+1)$ 是第 $i+1$ 步,腿支撑的角度。

这种剪切算法式(5.12)能否用以计算落足点位置,首先其条件是当前步态每次只有一条腿支撑,这样的约束会有什么样的结果?当前向速度 $\dot{x}$ 和运动周期 T_s 恒定时,在一个支撑周期内,腿朝向臀部移动的距离为 $\dot{x}T_s$。有

$$\theta(t_{lo}, i) = \arcsin\left(\frac{\dot{x}T_s + r\sin\theta_{td,i}}{r}\right) \tag{5.13}$$

将式(5.13)带入式(5.12),得

$$\theta(t_{td}, i+2) = -\arcsin\left(\frac{\dot{x}T_s + r\sin\left(\frac{\dot{x}T_s + r\sin\theta(t_{td,i})}{r}\right)}{r}\right) = \theta(t_{lo}, i) \tag{5.14}$$

在以恒定速度运行期间,该算法生成了具有对称性的运动,如前面讨论的那样。当运动不对称且步频很快时,剪切对称性步态能实现有效的动态平衡。当

$\theta(t_{\text{lo}}, i) = \arcsin\left(\dfrac{\dot{x} T_s}{2r}\right)$ 时,剪切对称算法在每一步上生成相同的落足,并且足端位置与使用中性点计算得到的结果相同。

剪切对称算法在正向加速时也能正常工作。假设在支撑期间外部干扰使系统向前加速。结果是支撑腿向后移动的距离更远,并且离地角度相比之前的角度更大。另一条腿相应地向前摆动,以匹配速度的增加,减速时以同样的机制进行修正。所产生的加速度不必是由外部干扰引起的,也可以是由髋关节执行器主动驱动引起的,这可能出现在姿态稳定的过程中,它们也可能是由更复杂步态中其他腿的摆动和支撑行为引起的。

研究剪切对称算法的原因是,其提供了另一种估计腿部 CG 轨迹长度的方法。腿离地的角度可以近似用于计算前进速度和触地时间,身体相对于地面向前移动的速度越快,在支撑过程中足端向后移动的距离就越远;另外,支撑时间越长,足端向后移动的距离也越长。因此,足端离地时的角度由上一个支撑阶段的平均前进速度和支撑时间的乘积决定。综上所述,这种剪切对称算法是非常有用的,因为该算法避免了对机体速度和支撑时间精确估计。

剪切对称算法也存在两个问题。首先,触地时的腿部角度也受离地时腿部角度的影响。由于平均运动速度和支撑时间的乘积只与腿部离地角度的变化有关,在触地时腿的起始角度决定了它离地时的角度。原则上,该算法可以生成一系列的均匀对称的步态,而在实际应用中,由于误差的存在难以保证其准确性。

这个问题可通过减少或抑制足端滑移,或者使用数据滤波处理足端位置测量结果来解决。另外一种选择是在计算下一步足端位置时,同时考虑着触地和离地角度:

$$\theta(t_{\text{td}}, i+1) = \dfrac{\theta_{(\text{td}, i)} - \theta_{(\text{lo}, i)}}{2} \quad (5.15)$$

剪切对称算法的另一个问题是它可能无法快速应对前进速度的突然变化,由于计算落足位置需要整个支撑周期的平均速度与支撑时间的估计值,导致其存在固有的延时,使得机器人对外部干扰的反应存在滞后。

5.8 奔跑中的反对称性

尽管对称性很重要,但有几个原因可以解释为什么很多人认为奔跑不应该是完全对称的。导致不对称的第一个原因是腿并不是完美的,对称运动和稳态奔跑行为之间关系的模型并不适用于存在摩擦的情况。特别是系统向前和向后移动时间的不一致,其取决于模型建模与物理机构的精度。导致不对称运动的第二个原因是腿部存在的质量将导致能量损失,每当足地发生冲击碰撞时系统都会损失部分动能。为了保持稳定运动,控制系统必须在每个周期补充能量以补偿这些损失。例如,腿在支撑阶段伸长以及飞行阶段变短来保持跳跃高度的稳定,这些过程只能通过执行器输出不对称的力和扭矩来实现。

导致不对称的第三个原因是机械系统本身就存在的不对称。大多数动物的身体前端有大而重的头,而后端的尾巴却与头部重量不匹配。前腿和后腿的大小也经常不同,臀部和肩部的重心位置也可能不同。每一个因素都可能导致运动的不对称性,从而降低被动稳态平衡能力,但这对实验室中的机器人来说并不是什么大问题,因为我们可以设计出符合对称性要求的机器人。

当然,不对称运动在奔跑中也是有益处的,如控制系统故意倾斜姿态的奔跑,可以加快运动速度的调节。在这种情况下,运动的不对称性提供了更大的机体加速度。当存在外部荷载或扰动时,如荷载扰动力或外部拖曳力,动物和人都会借助不对称运动来提高稳定性,如赛跑运动员在起跑时的姿态就展示了这种不对称的行为。

也许,综合运用对称和非对称部分来理解奔跑运动才是我们最合适的方式。在每一步中,运动的对称部分保持系统状态,非对称性来补偿偏离对称性的能量损失以及控制系统的加速度。

本章讨论的对称性假设每个身体变量、每个腿部变量和每个执行器变量都具有偶数或奇数的对称性。它们相互作用的最终结果是约束作用在整个步幅上的力,从而保持身体的前进速度、高度和俯仰角。有人可能会想到另一种不太完全的对称性,它不要求上述基本变量都是对称的,而只要求作用在机体上的净力和净力矩是对称的:

$$\begin{cases} f_x(t) = -f_x(-t) \\ f_y(t) = -f_y(-t) \\ \tau_\phi(t) = -\tau_\phi(-t) \end{cases} \tag{5.16}$$

还有另一种方法是机体执行的运动是对称的而腿部的运动是不对称的。但我们已经证明,如果一次只使用一条腿来支撑,上述想法是不成立的,证明见附录5B。但是,此类方法可在多腿支撑的情况下采用。

5.9 对称性的意义

我们可以用几个方面来阐述对称性的意义。首先,它帮助我们理解奔跑时的腿部运动,这种运用对称性的策略可以进一步用于控制机器人,而且,在未来对于具有更复杂结构的机器人控制来说有着重要的作用。例如,在四足奔跑时往复摆动的腿,其对称性是很重要的。

对称性也有助于我们描述和理解动物的行为。对猫和人运动的对称性分析

第 5 章 奔跑中的对称性

表明,对称性可用于描述动物在小跑、快跑和奔跑时的行为,我们发现同样的对称性也可以描述动物以其他的步态运动。也许最重要的是,对称和动态平衡为我们提供了控制动态系统的基本工具,而不需要复杂公式计算与动力学解析求解。对称性意味着每一个运动都有两个部分,其具有相反的效果,就像平衡需要相等的力和力矩一样。

图 5.14 展示了两个积分为零的函数示意图,图 5.14(a) 是对称的,图 5.14(b) 却不是。对称性提供了为零的净加速度,但其是充分条件而不是必要条件。

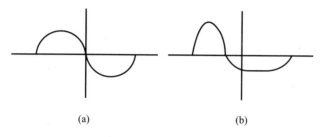

图 5.14 两个积分为零的函数

在某些方面,这些对称性是有限的。它们没有具体描述特定身体运动的细节,只是给出了一个广泛意义上的处理,其描述了运动的几个最主要特征。对称性只提供了奔跑运动的充分条件,而不是必要条件(图 5.14)。依据我们的相关经验,一个腿足式系统就算不满足我们所描述的运动对称性,也不会限制其运动和平衡能力。最后,这些对称性不会得出具体的控制方案,它们只描述了系统最终应该如何移动,并提供了控制策略的设计思路。

另外,这里所介绍的对称性又非常有用,采用之前三个简单的方程式就可以适用于各种步态下的运动控制。尽管对称性没有说明单个腿的具体运动轨迹,但是其确定了基本的运行规则。

本章关于对称性的研究实际具有更广泛的意义,它将控制系统和机械系统的功能划分开。在这种情况下,运动控制是一种利用机械系统固有特性的低带宽行为。控制系统不需要使用高带宽的伺服系统来保证关节对指令精确快速跟踪,而是通过不断地跨步进行调整。一旦足端触地后机械系统的被动模型将确定后续支撑中的运动过程,这种方法依赖于被动的、名义上的弹簧简谐运动。在目前情况下,对称性是实现弹簧运动最简单有效的手段。这种方法可能只适用于步态中存在的重复跨步的情况。对于机械臂的杂耍和写字等行为(Hollerbach,1980),上述方法可能并不适合。

总　结

身体运动的对称性和足端相对身体的对称运动为动态稳定提供了名义上的运动方式。通过让 $x(t)$ 和 $\phi(t)$ 为奇数对称性、$z(t)$ 为偶数对称性，控制系统可以产生稳定的运动。腿部运动本身由奇偶对称来描述，因此该方法适用于不同腿数量的机器人，并且有助于描述奔跑动物的基本行为。

这些对称运动的意义在于，它们允许控制系统调节对称性和非对称偏差，而不是描述具体的运动行为。当系统的行为符合式(5.1)～式(5.3)时，作用在身体上的所有力在一个步幅内的积分为零，因此身体不会产生净加速度。当行为偏离对称性时，系统的净加速度会偏离零点，这也成为控制系统所需考虑的扰动之一。

对称运动的条件可以简单地表述为：在支撑期间的某时间点上，支撑中心必须位于质心正下方，机体俯仰角度必须为零，竖直速度也为零，即 $\theta_j(0) + \theta_k(0) = 0$，$\phi(0) = 0, \dot{z} = 0$。当这些条件满足时，支撑时质心的运动会遵循对称轨迹运动。

对称运动行为具有很广泛的普遍性。原则上，各种各样的自然奔跑步态都主要由身体和腿的对称运动来实现，这些运动都在某种程度上表现出了对称性，如小跑、遛蹄、慢跑、快跑和四腿跳跃，以及这些步态的中间形式。虽然我们只分析了猫和人奔跑中的对称数据，但我们发现在各类自然的腿足系统中其运动近乎都是对称的。

附录 5A　平面系统的运动方程

5A.1　平面单腿系统的运动方程

如图 5.15 所示，无质量腿和臀部位于重心的平面单腿模型的运动方程为

$$m\ddot{x} = f\sin\theta - \frac{\tau}{r}\cos\theta \tag{5.17}$$

$$m\ddot{z} = f\cos\theta + \frac{\tau}{r}\sin\theta - mg \tag{5.18}$$

$$J\ddot{z} = \tau \tag{5.19}$$

式中：x, z, ϕ 为机体的水平、垂直和角度位置；r, θ 为腿的长度和方向；τ 为髋关节力矩（正向 τ 使得机体在 ϕ 正方向上加速）；f 为轴向腿力（正向 f 加速机体远离地面）；m 为机体质量；J 为物体转动惯量；g 为重力加速度。

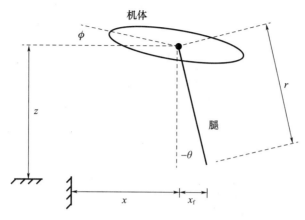

图 5.15　无质量腿平面单腿系统模型

5A.2　平面双腿系统的运动方程

如图 5.16 所示,具有两条无质量腿和髋关节的平面模型的运动方程为

$$m\ddot{x} = f_1\sin\theta_1 + f_2\sin\theta_2 - \frac{\tau_1}{r_1}\cos\theta_1 - \frac{\tau_2}{r_2}\cos\theta_2 \quad (5.20)$$

$$m\ddot{z} = f_1\cos\theta_1 + f_2\cos\theta_2 + \frac{\tau_1}{r_1}\sin\theta_1 + \frac{\tau_2}{r_2}\sin\theta_2 - mg \quad (5.21)$$

$$J\ddot{\phi} = f_1 d\cos(\theta_1 - \phi) - \frac{\tau_1 d}{r_1}\sin(\phi - \theta_1) + \tau_1 - \\ f_2 d\cos(\theta_2 - \phi) + \frac{\tau_2 d}{r_2}\sin(\phi - \theta_2) - mg \quad (5.22)$$

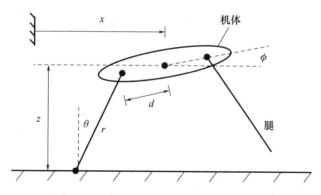

图 5.16　髋关节分离的双腿平面系统模型

附录 5B 对称腿运动的证明

在本附录中,我们证明对于单腿模型,对称的身体运动需要对称的腿部运动。当 $x(t)$、$\phi(t)$、$\theta(t)$ 为奇数,$z(t)$、$f(t)$ 为偶数时,身体和腿的运动是对称的。

我们重写运动方程,将腿部运动的每个元素表示为奇偶部分的和。例如,腿相对于垂直面的角度是 $\theta = {}^e\theta + {}^o\theta$,其中 ${}^e\theta$ 表示偶数部分,${}^o\theta$ 表示奇数部分。另外,替换 r 为 $1/({}^ez + {}^oz)$:

$$m\ddot{x} = ({}^ef + {}^of)\sin({}^e\theta + {}^o\theta) - \tau({}^ez + {}^oz)\cos({}^e\theta + {}^o\theta) \quad (5.23)$$

$$m\ddot{x} = ({}^ef + {}^of)\cos({}^e\theta + {}^o\theta) + \tau({}^ez + {}^oz)\sin({}^e\theta + {}^o\theta) - mg \quad (5.24)$$

$$J\ddot{\phi} = {}^e\tau + {}^o\tau \quad (5.25)$$

从式(5.25)开始,τ 必须是奇数,并且因为 ϕ 是假设由奇数计算而产生的奇数。要指定物体以所需对称性移动,将式(5.23)右侧的偶数部分设置为零,将式(5.24)右侧的奇数部分设置为零:

$$0 = {}^ef\sin({}^e\theta)\cos({}^o\theta) + {}^of\cos({}^e\theta)\sin({}^o\theta) + \tau^e z\sin({}^e\theta)\sin({}^o\theta) - \tau^o z\cos({}^e\theta)\cos({}^o\theta) \quad (5.26)$$

$$0 = -{}^ef\sin({}^e\theta)\sin({}^o\theta) + {}^of\cos({}^e\theta)\cos({}^o\theta) + \tau^e z\sin({}^e\theta)\cos({}^o\theta) + \tau^o z\cos({}^e\theta)\sin({}^o\theta) \quad (5.27)$$

综合式(5.26)和式(5.27),有

$$\tan{}^e\theta = \frac{\tau^o z}{{}^ef}, \tan{}^e\theta = -\frac{{}^of}{\tau^e z} \quad (5.28)$$

在支撑期间,足端相对于地面保持静止,因此机体相对于地面的运动决定了足端相对于机体的运动。因此,式(5.1)的对称性和式(5.28)的解也支配着足端相对于机体的轨迹。它们要求 $x_f(t) - x_f(0) = -x_f(-t) - x_f(0)$ 和 $z_f(t) = -z_f(-t)$。如果 $x_f(t) = 0$,腿的运动是对称的。

因为奇数函数在 $t=0$ 时等于零,式(5.28)要求 ${}^e\theta(t=0) = 0$,这意味着 $x_f(0) = 0$。因此,${}^e\theta = {}^er = {}^ef = 0$,留下 θ 奇数和偶数 r、f。它们遵循式(5.2)给出的腿部运动对称性。Ken Goldberg 的证明如下,在支撑间隔期间,足端相对于地面保持静止,因此机体相对于地面的运动决定了足端相对于身体的运动。因此,式(5.2)的对称性决定了足端相对于机体的轨迹:

$$x_f(t) - x_f(0) = -x_f(-t) + x_f(0) \quad (5.29)$$

$$z_f(t) = z_f(-t) \quad (5.30)$$

当 $x_f(0) = 0$ 时,腿部的运动是对称的。

设 f_x 和 f_z 是脚与地面之间的水平力和垂直力髋关节的扭矩可以写成:

$$\tau = -f_x z_f + f_z x_f \tag{5.31}$$

从运动方程中我们知道 τ 和 f_x 是奇数，f_z 是偶数，所以式(5.31)要求 x_f 是奇数。因此，腿角 $\theta = \arctan\left(\dfrac{x_f}{z_f}\right)$ 是奇数，腿长 $r = \sqrt{x_f^2 + z_f^2}$ 是偶数。轴向腿力 $f = (f_x x_f + f_z z_f)/r$ 是偶数。

第6章 步态控制模型的替代方案方法

足式机器人非常复杂,因此,足式机器人的控制系统设计有着很大的空间。对于系统中的几个主要功能都可以用很多不同的方案来实现,其中可能有数百种设计和方法组合,当然需要通过实验来剔除多重的可能性,从而确定具体的设计方案。只有这样,后续的样机应用才有真正的意义。在前面的章节中主要讨论了特定的跳跃控制算法,这些算法是通过许多设计迭代和实验总结出来的。基于该结果的实验包括三部分内容:落足位置的选择、运动对称性和虚拟腿映射理论,本章将主要介绍对上述模型部分可能的替代方案。

6.1 跳跃控制更深入的分析

本书中介绍的机器人在每个支撑过程中都采用固定的作用力驱动机体实现垂直跳跃运动,身体的质量和腿部的弹性形成了一个被动的振荡模型,该振荡过程由支撑中腿部执行器力矩输出来维持。当振荡幅度超过一定限度时,机器人腿部就会离开地面,整个系统变成弹簧质量/重力的振荡器。在每个跳跃周期中损失的能量是跳跃高度的单调函数,因此可通过在每个周期加入固定能量使得系统达到平衡高度。

在本节中,我们探索一种控制跳跃高度的方法,该方法可以调整每次跳跃中注入的能量,其通过在支撑阶段测量系统垂直运动中的能量,并根据期望跳跃高度所需来确定腿部所需要补偿的能量。对于给定的跳跃高度,控制系统需要做的就是计算其离开地面所需要的对应能量。

与固定推力的策略相比,该方法具有多个优点:首先,它允许控制系统指定特定的跳跃高度,而不是仅描述跳跃后"较高"或"较低"的相对过程。其次,它也不容易受到腿部机构中摩擦力变化的影响,因为支撑中执行器会持续增加伺服力矩输出直到产生所需要的能量。最后,固定推力方法未考虑支撑时腿部角度存在偏差,其推力并非绝对垂直,而能量方法可以通过计算伺服运动垂直分量来避免该问题。

6.1.1 被控对象的模型

图6.1给出了用于分析和仿真的控制模型。图中所示机器人由一个可以改

变长度的滑动接头、一个弹簧和一个执行器组成,机体质量为 m,腿部质量为 m_1,另外还有一个制动器是与弹簧串联来实现腿部延长与缩短的,并在腿和机体之间施加力。

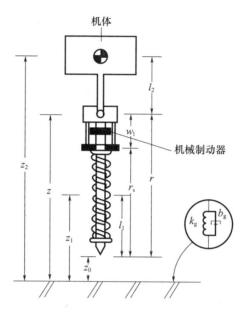

图 6.1 用于研究垂直跳跃控制的模型

腿部的弹簧通过压缩来吸收机体下压时的能量,并通过伸长将能量回馈至机身,从而使其向上加速。机械挡块可防止弹簧超过最大长度,其被简化为刚性阻尼弹簧。连接弹簧的机械制动部分保证弹簧在受压时的最短长度 $r_s > r_{s0}$。通过合理地选择机械制动部分的 k_{stop} 和 b_{stop} 的刚度和阻尼,保证腿和机身间的振动在几个周期内衰减。滑动关节允许腿与弹簧一起改变长度,其中弹簧的刚度为 k_1,地面被建模为具有刚度 k_g 的阻尼 b_g 的弹簧,腿的质心位于离足端距离 l_1 处,身体的质心位于髋部上方距离 l_2 处。表 6.1 给出了仿真参数值。

表 6.1 弹跳控制研究中采用单腿模型的相关参数

参数名	符号	值
机体质量	m	10kg
弹簧腿质量	m_1	1kg
机体转动惯量	J	10kg·m²
腿部转动惯量	J_1	1kg·m²
腿部质心位置	l_1	0.5m
机体质心位置	l_2	0.4m

续表

参数名	符号	值
弹簧原始长度	τ_{s0}	1m
腿部刚度	k_l	10^3 N/m
机械制动刚度	k_{stop}	10^5 N/m
机械制动阻尼系数	b_{stop}	125 N·s/m
地面刚度	k_g	10^4 N/m
地面阻尼系数	b_g	75 N·s/m

当执行机构改变长度时,弹簧长度将一起变化并出现能量的增加和减少。由腿机构、弹簧和机械制动装置构成的模型能实现跳跃运动,而在支撑中通过制动器产生的能量激励构建出一个弹簧负载模型。当腿长达到最大长度时,机械制动装置产生的能量将转移到机体上并让腿离开地面。

地面同样建模为具有刚度 k_g 和阻尼 b_g 的弹簧,其中的阻尼系数是为了防止离地和着地时机器人的反弹,与地面的接触过程时需要具有相应的柔顺性,但是地面的刚度仍然被假设远远大于腿的刚度,即 $k_g \gg k_l$。

6.1.2 跳跃模型

当腿支撑时,通过制动器激发弹簧产生向上的加速度,而弹簧的压缩过程对跳跃高度产生的影响可以通过弹性势能来分析,并确定摆动相时腿需要伸长的位置和时间,通过在若干跳跃周期内注入能量到系统中来达到或维持跳跃的高度。下面对跳跃腾空中周期交替的过程进行分析,在支撑过程中其模型是一个具有固定频率的弹簧－负载振荡器。

$$\omega_n = \sqrt{\frac{k_l}{m}} \qquad (6.1)$$

如果我们假设在支撑中仅完成了半个周期的振荡,那么在重复跳跃的过程中每个支撑间隔具有的持续时间为

$$T_s = \frac{\pi}{\omega_n} = \pi \sqrt{\frac{m}{k_l}} \qquad (6.2)$$

在摆动过程中,仅受重力作用,因此系统将以抛物线进行运动,则总摆动时间为

$$T_f = \frac{2\dot{z}}{g} = \sqrt{\frac{8H}{g}} \qquad (6.3)$$

式中:g 为重力加速度;H 为跳跃高度,则一个完整跳跃周期正好是 T_s 和 T_f 之和:

$$T = \pi\sqrt{\frac{m}{k_1}} + \sqrt{\frac{8H}{g}} \qquad (6.4)$$

6.1.3 跳跃能量设计

当一个系统垂直跳跃时,它的能量变化过程如下:首先机体和腿具有势能和动能,其由质量块对应的高度和运动速度决定,而腿还包括弹性势能,其描述了弹簧形变中的能量变化。实际上,能量也会转化至地面的弹性变形中,若假设地面有足够大的阻尼,则该部分能量将不可能恢复,综上所述,在跳跃周期中任意时刻的垂直方向总能量如下:

$$E = m_1 g z_1 + m g z_2 + \frac{1}{2} m_1 \dot{z}_1^2 + \frac{1}{2} m \dot{z}_2^2 + \frac{1}{2} k_1 (r_{s0} - r + \omega_1)^2 \qquad (6.5)$$

当机器人垂直站立时腿部弹簧伸展到静止长度,而当足端接触地面时相应的势能为零。从式(6.5)中可以看到,系统的能量储存在腿部弹簧中,也可储存在机体和腿部的动能中,还可储存在机体和腿部质量的势能中。

在整个跳跃周期中,跳跃的能量会受空气阻力损耗,但这样的能量损失很小。在跳跃周期中,有两个过程会造成明显的能量损失,即支撑和腾空两个过程。在着地时由于腿部突然静止造成其能量被地面的阻尼消散,损失的能量是腿部末端弹簧的动能。

$$\Delta E_{\text{td}} = \frac{1}{2} m_1 \dot{z}_{1,\text{td}-}^2 \qquad (6.6)$$

式中:$\dot{z}_{1,\text{td}-}^2$ 为触地之前腿部的垂直速度,着地时的能量是摆动过程中总动能的固定分量 $m_1/(m+m_1)$。腿部存在的机械制动装置在腾空中也会消耗相应的动能,支撑时腿部的垂直速度为零,身体的垂直速度为 $\dot{z}_{2,\text{lo}-}$,在腾空后速度为 $\dot{z}_{1,\text{lo}+} = \dot{z}_{2,\text{lo}+}$,基于腾空中守恒准则得

$$m \dot{z}_{2,\text{lo}-} = (m + m_1) \dot{z}_{2,\text{lo}+} \qquad (6.7)$$

$$\dot{z}_{2,\text{lo}+} = \frac{m}{m_1 + m} \dot{z}_{2,\text{lo}-} \qquad (6.8)$$

将式(6.8)代入式(6.5)可以求出腾空前后的系统动能,在腾空时腿部加速向上带来的能量损失如下:

$$\Delta E_{\text{lo}} = -\frac{m_1 m}{2(m_1 + m)} \dot{z}_{2,\text{lo}-}^2 \qquad (6.9)$$

式中:$m/(m_1+m)$ 表示腿部能量转换的效率,当足端弹簧与腿的总质量相比较小时效率较高。

控制系统通过驱动腿执行器可以调节跳跃的能量。当腿执行器的长度从 w_1 改变为 $w_1 + \Delta w_1$ 时,跳跃能量的变化如下:

$$\Delta E_{w_1} = k_1 \left(\frac{1}{2} \Delta w_1^2 + \Delta w_1 r_{s\Delta} \right) \tag{6.10}$$

式中：$r_{s\Delta}$ 为足端弹簧相对于静止长度的偏差，$r_{s\Delta} = r_{s0} - r + w_1$。控制系统通过使 Δw_1 为负值来消除能量。在支撑时，Δw_1 和 ΔE 取决于腿的长度和位置制动器，当腿部制动器在摆动过程中改变长度时，身体和腿部质量之间的距离将会变化，虽然该过程中弹簧被压缩，能量会暂时性地增加，但在弹簧机械压缩停止时很快就会消散。

加长底部的执行器并在飞行过程中缩短它会导致总跳跃能量增加，缩短底部的执行器并在飞行期间延长执行器会导致总跳跃能量减少，最终趋为零。

在站立支撑中控制系统可以通过结合式(6.9)和式(6.5)来计算下一摆动阶段的总跳跃能量：

$$E_f = \frac{m}{m_1 + m} \left(m_1 g z_1 + m g z_2 + \frac{1}{2} m_1 \dot{z}_1^2 + \frac{1}{2} m \dot{z}_2^2 + \frac{1}{2} k_1 r_{s\Delta}^2 + \frac{1}{2} k_g \dot{z}_0^2 \right) \tag{6.11}$$

为了使系统跳跃到期望的高度（足端相对地面 H），总垂直能量必须达到：

$$E_H = m_1 g (H + l_1) + m g (H + r_{s0} + l_2) \tag{6.12}$$

假定认为达到跳跃高度时，腿部和身体的垂直速度为零同时腿部没有储存能量。因此，在跳跃到最高位置时所有的能量均为重力势能，跳跃到所需高度的能量由式(6.12)和式(6.5)计算得到。为了产生跳跃所需的能量 ΔE，腿执行器相应的长度变化如下：

$$\Delta w_1 = -r_{s\Delta} + \sqrt{r_{s\Delta}^2 + \frac{2\Delta E}{k_1}} \tag{6.13}$$

综上所述，腿部支撑时弹簧的压缩长度是机器人腿部机械设计的一个重要参数，它是机体质量、腿部质量、腿部刚度和期望跳跃高度的相关函数，可以由式(6.12)和式(6.13)推导得出：

$$\Delta r = \frac{mg}{k_1} + \sqrt{\frac{m^2 g^2}{k_1^2} + \frac{2(m_1 + m)^2 gH}{mk_1}} \tag{6.14}$$

6.1.4 跳跃的仿真实验

通过计算机模拟来测试操纵垂直能量调节跳跃高度。在附录 6A 中给出系统的动力学方程和系统模型。图 6.2 给出了实验测试结果，机器人从站立静止开始，由腿部执行器输入能量，直到达到设定的跳跃高度，图 6.2(a)上图为髋关节的高度变化，图 6.2(a)下图为足端位置变化，图 6.2(b)为执行器长度变化 (Raibert,1984a)。而为了模拟执行器的物理响应特性，我们采用时间二次项函数进行建模，即

$$w_1(t) = w_{1,0} + kt^2 \tag{6.15}$$

式中：$w_{1,0}$ 为制动器的初始长度；k 为时间常数，执行机构的行程 w_1 被限制在 $w_{1,\min}w_{1,\max}$，因此在一个跳跃循环中的能量是有限的，对于较高的跳跃高度需要几次循环才能达到设定的跳跃高度。

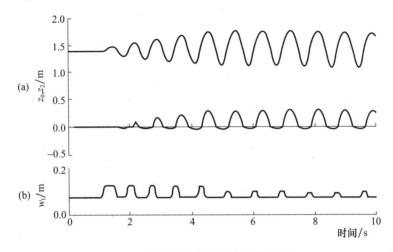

图 6.2　设定跳跃高度的垂直跳跃实验

图 6.3 将相位划分为 4 个不同的阶段，数据来自图 6.2 的稳定部分，图中位置绘制在纵坐标上，速度绘制在横坐标上，升空（LIFT-OFF）和上升到顶部（TOP）之间曲线的粗略部分表示当机械停止被撞击时发生的阻尼振动，跳跃动作沿逆时针方向变化，（Raibert，1984a）。

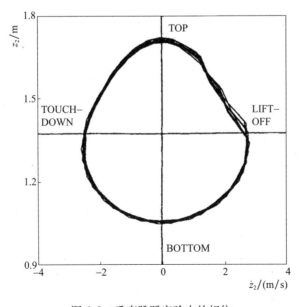

图 6.3　垂直跳跃实验中的相位

图 6.4 绘制了跳跃总能量、动能、重力势能和弹性势能,能量的明显损失发生在支撑和腾空阶段,该时刻在图中由垂直虚线表示,随着腿部执行器的伸展总能量增加(Raibert,1984a)。

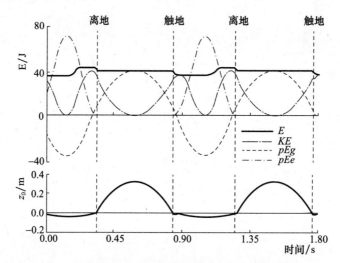

图 6.4 设定固定跳跃高度下腾空和支撑两个阶段中能量的变换

如图 6.4 所示,在跳跃过程中的能量周期交换,系统的动能、重力势能、弹性势能和总能量变化存在以下特点:当足端弹簧由触地时突然加速到停止时产生了能量的损失,当足端弹簧在离地时由静止加速到摆动速度时发生能量损失,而腿部执行器的做功给系统注入能量,保证弹跳的持续。

图 6.5 显示了垂直跳跃的控制过程,控制系统在整个周期中多次调整跳跃高度,通过增加能量($t=1s,6s,20s,33s$)来增加跳跃高度,通过降低能量($t=13s,28s$)来降低跳跃高度,在开启主动阻尼($t=28s$)时其能量消耗相比被动情况下($t=40s$)快得多。

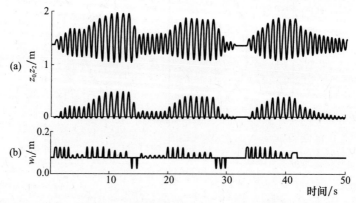

图 6.5 跳跃高度改变时的垂直跳跃实验

在时间 t = 1s、6s、13s、20s、28s、33s、40s 时,期望的跳跃高度分别为 H = 1.7m、2.0m、1.6m、1.9m、1.4m、1.9m、1.4m,在 t = 28s 时启动主动阻尼,在 t = 40s 开始时切换被动系统,图 6.5(a)上图为髋关节高度,图 6.5(a)下图为足端高度,图 6.5(b)为腿部执行器的长度。

6.1.5 跳跃控制策略

通过调节支撑中腿部压缩时间来达到控制跳跃行为的目的:

(1)如果腿在腾空时缩短,其在摆动中足端与地面的距离是最大的,当地形不平坦或高速跳跃时需要较大的前后跨越,如果摆动时腿部不够短,有可能会与地面发生碰撞。另外,腿部长度的减小也能降低其在摆动中的惯性力矩,使得腿部可以更快速地摆动,降低对姿态的扰动。

(2)若足端在摆动顶部缩短,则足端垂直上下运动的时间将是最长的,这样对执行器响应速度的要求会降低很多。

(3)若在触地时腿部适当地缩短,则足端对地面的冲击将能降低到最小,但下一周期加速到地面速度需要的时间将会变长。

通过分析人类奔跑可以发现腿在摆动相变短,在触地前再伸长,在落足时又变短,这样的策略最大限度地提高了足端在摆动中的离地距离,同时将足的冲击力降至最低,但其代价是每个步态周期中都需要腿部额外的伸长和缩短运动。

6.2 运动的三个控制要素

为了设计满足前文描述的三通道控制系统,需要针对每个控制通道设计相应的算法。摆动腿用于控制前进速度,支撑时髋关节扭矩用于控制机体姿态,支撑时的腿部推力能控制跳跃高度。实际上,上述控制通道间并不是完全独立的,一个控制输出可能会对整个系统的所有状态都将产生影响,但是除了上述描述的系统状态我们都将其忽略。例如,支撑时的髋关节扭矩除了控制姿态还会产生水平作用力使机器前后速度发生变化,但我们忽略了这个问题,仅关心其对调节姿态的效果。

上述控制通道间存在耦合,因此系统的控制量并不是唯一的。除了前面章节中描述的任务,人类还有着腿部运动的控制系统,在之前的实验中通过落足位置能辅助调节支撑时的姿态和扭矩,从而达到控制前进速度的目的。上述控制通道都在二维单腿平面模型上进行了仿真,其结果与第 2 章中采用的机器人一致。

图 6.6 展示了二维单腿模型。机体与腿部通过髋关节铰接,支撑腿由一

个弹簧和执行器串联构成(图 6.1),腿部物理参数除了质量还包括其与机体存在的惯性矩 J_1 和 J,髋关节执行器可以在身体和腿之间施加扭矩 τ,由于模型被限制为在二维平面上,其运动方程如附录 6A 所示,仿真中使用的模型参数见表 6.1,图中标注的腿部角度 θ、制动器长度 W_1 和扭矩 τ 均为正值,机体姿态角 ϕ 为负值。

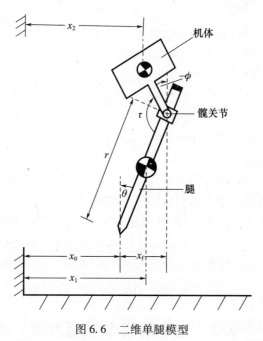

图 6.6 二维单腿模型

6.2.1 腿部摆动控制与落足点选择算法

如果一个系统要以恒定的速度运行,就不能在支撑中在机体施加水平力作用,前文中以运动的对称性来解释支撑中力为奇函数时是如何来保证运动对称性的,从而保证其在支撑中的平均作用力为零。借用腿的推力和支撑角度使得其在支撑前半部分对机体产生向后的力,在支撑后半部分对机体产生向前的力,从而保证每个周期内平均作用力为零,最终系统的运动速度将不会在步态周期内改变。

假设我们希望向前奔跑的运动中在摆动跨步时系统的速度保持恒定。在这种情况下,任何水平力都不应作用在物体上,支撑点相对机体应当以与机体前向速度相同的恒定速率向后移动 $\dot{x}_f = -\dot{x}_d$,其水平运动应该独立于机体的垂直运动,因此在支撑过程中,机体的垂直运动主要受腿部的压缩和伸展影响。

腿部摆动控制通过在站立时控制足端以当前期望的速度向后反向运动来抵

消足端在机体上产生的水平作用力,控制系统通过调节髋关节扭矩来控制姿态角度并同时调节腿的长度。腿部长度在站立过程中是动态变化的,在理想情况下,足端与地面的反作用力是完全垂直于地面的,当机体速度低于期望速度时,髋关节通过输出扭矩来减小该误差,从而让机体加速。

在支撑过程中随着机体的倾斜其姿态也发生了变化,控制系统需要在腾空落地前选择一个前向落足点来调节机体的姿态,由于对称性和中性点的存在,足端需要放置在中性点上机体才会产生零姿态倾角的变化。如果足端位于中性点上,其前半个支撑和后半个支撑周期的倾角是平衡的。前进速度可以由髋关节扭矩闭环保证恒定,因此这里的 $\dot{x}T_s$ 可以假设为较准确的 CG 轨迹和中性点的位置。落足相对中性点的位移会导致机体产生角加速度,因此控制系统可以借助姿态和角速度误差构建函数,计算足端相对中性点的位移。

6.2.2 腿部摆动的实现

用于测试腿部摆动算法的模型见图 6.6,其包含图 6.1 中所示的腿部模型,腿相对于身体的运动由髋关节扭矩进行驱动:

$$\tau = -k_p(\gamma - \gamma_d) - k_v(\dot{\gamma}) \tag{6.16}$$

式中:τ 为对髋关节施加的扭矩;γ 为髋关节角;K_p、K_v 为反馈增益。典型数值:支撑时 $K_p = 1800\text{N} \cdot \text{m/rad}$,$K_v = 200\text{N} \cdot \text{m} \cdot \text{s/rad}$;摆动时 $K_p = 1200\text{N} \cdot \text{m/rad}$,$K_v = 60\text{N} \cdot \text{m} \cdot \text{s/rad}$。

该模型假设在支撑过程中摩擦力保证了足端不会打滑产生滑移,地面被建模为水平且具有刚性阻尼弹簧(k_g, b_g),每次落足时地面弹簧的位置将复位到当前落足的位置,并与腿构成一个具有柔顺性的弹性模型。

如果在髋关节坐标系中进行观察,可以看到足端以与地面相同的速度向后运动,因此控制系统需要实时计算所需的髋关节角度,并依据式(6.16)产生扭矩对角度进行控制,该角度由期望的前进速度、当前速度、腿长度、着地时间共同决定。

若已知支撑相的位置、机体前向速度和物理机构参数,则控制系统就可以计算合适的角度和相应的运动函数,这里的模型仅针对腿部,因此其中采用的质量和重心都是足端与腿部的函数,则在运动中重心相对髋关节前移的位置为

$$x_{cg} = \frac{(l_1 - r)m_1\sin\theta + l_2 m\sin\phi}{m_1 + m} \tag{6.17}$$

由于将足端放在中性点上不会产生姿态加速度变化,则中性点相对于质心的位置为

$$x_{f0} = \frac{\dot{x}T_s}{2} \tag{6.18}$$

为了控制机体姿态,通过姿态和角速度误差的线性函数来控制足端相对中点的偏差:

$$x_{f\Delta} = k_\phi(\phi - \phi_d) + k_{\dot\phi}\dot\phi \tag{6.19}$$

式中: k_ϕ、$k_{\dot\phi}$ 是增益。

在触地时足端落足位置为

$$x_f = x_{cg} + x_{f0} + x_{f\Delta} \tag{6.20}$$

式(6.20)中给出了触地点相对重心的位置,支撑时足端以固定期望速度 $\dot x_d$ 相对于质心向后移动,则支撑腿足端相对质心的水平轨迹为

$$x_f(t) = x_{cg} + x_{f0} + x_{f\Delta} - \dot x_d(t - t_{td}) \tag{6.21}$$

式中: t_{td} 为触地时刻,为了限制运动的最大加速度,则 $|(\dot x - \dot x_d)| < \Delta \dot x_{max}$。式(6.21)包含重心向前位置、中性点、足端位移等变量,结合腿部运动学公式 $x_f = -r\sin\theta$,可以重新整理成:

$$-r\sin\theta = \frac{(l_1 - r)m_1\sin\theta + l_2 m\sin\phi}{m_1 + m} + x_{f0} + x_{f\Delta} - \dot x_d(t - t_{td}) \tag{6.22}$$

腿、机体和臀部角度之间的关系为 $\gamma = \phi - \theta$,因此可以求解出髋关节所需要的角度为

$$\gamma_d = \phi + \arcsin\left(\frac{l_2 m\sin\phi + (m_1 + m)(x_{f0} + x_{f\Delta} - \dot x_d(t - t_{td}))}{l_1 m_1 + rm}\right) \tag{6.23}$$

进一步采用式(6.16)中给出的伺服控制器来实现角度的闭环控制,另外垂直跳跃控制则基于上一节描述的能量控制方法。

6.2.3 仿真结果

图6.7给出了本节提出的腿部摆动控制算法的仿真结果,期望速度为 0.75m/s, $k_\phi = 0.1$m/rad, $k_{\dot\phi} = 0.15$m·s/rad。可以看到其速度控制效果很好,每个周期中的误差很小,但姿态控制精度不够,机器人能保证直立不摔倒,当以 0.3Hz 的步频前进时,姿态产生了明显的振荡,这是由于在摆动腿的运动所带来的影响。

图6.8给出了设定期望速度时的仿真结果,实验中 $k_\phi = 0.1$m/rad, $k_{\dot\phi} = 0.15$m·s/rad, $\Delta\dot x_{max} = 0.45$m/s,期望速度变化带来的加速度对姿态产生了相应的扰动,虽然控制系统保证了模型的平衡,但在启动和停止加速度较大的阶段 ($T = 2.5$s, 8s)姿态的扰动也很大,即改变机体的加速度会对姿态控制带来干扰,腿部向后的运动干扰只有在摆动落足后才能对其进行补偿,因此在仿真中速度与姿态间的耦合干扰作用很大,之前提出的三通道解耦控制模型难以保证有效性。

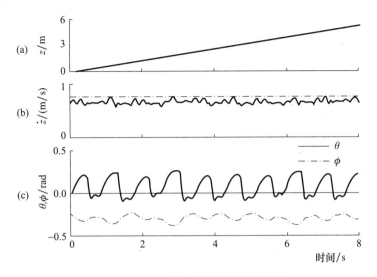

图 6.7 以固定速度前进的仿真结果

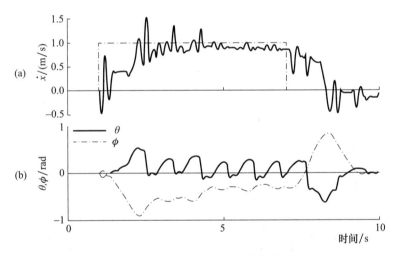

图 6.8 给定期望速度下的仿真结果

为了解决这个问题,一个简单的方法是在落足点控制模型中加入一个与加速度相关的项,因此式(6.19)可修改为

$$x_{f\Delta} = k_\phi(\phi - \phi_d) + k_{\dot\phi}\dot\phi + k_{\dot x}(\dot x - \dot x_d) \tag{6.24}$$

图 6.9 中给出了改进落足点算法的仿真,其中 $k_{\dot x}=0.2, k_\phi=0.1\text{m/rad}$, $k_{\dot\phi}=0.1\text{m}\cdot\text{s/rad}, \Delta\dot x_{\max}=0.45\text{m/s}$。可以看到机器人开始原地跳跃,之后先加速到 1m/s,然后加速到 2m/s,最后减速到停止。运行中速度控制精度高,另外姿态控制精度也提高了,在图 6.10 中给出了奔跑的可视化结果。机器人从站立

加速到 2.2m/s 左右的时间为 10s,虚线表示髋关节和足端的轨迹(20ms/点,600ms/步)。

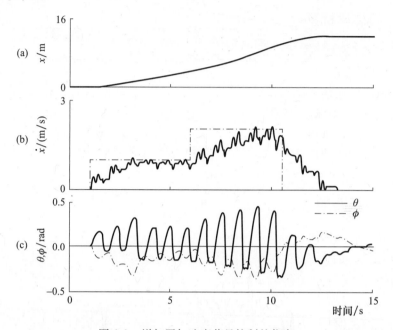

图 6.9 增加了加速度落足控制的仿真

图 6.10 单腿模型可视化结果

综上所述,上述改进的摆动控制算法以牺牲模型解耦的能力来提高运动性能,是一种折中的控制方法,其落足点选择不再是速度与落足点间的单输入、单输出模型,而是引入了机身姿态的额外控制变量。一般来说,为了提高控制系统的性能,这样的折中是必要的,通过提高系统复杂度来提升性能。最终的控制方法应当包含足端位置、髋关节力矩和腿部推力所有相关变量的非线性函数,在下一章中我们将介绍这样的控制系统。

6.3 四足动物的奔跑控制

在前面章节中介绍了典型的单腿跳跃机器人,而四足动物的奔跑行为提供了探索运动控制的研究对象。本节将介绍四足控制的方案,并给出相应的特殊控制策略。

6.3.1 机体坐标系与世界坐标系

四足机器人的控制应当与汽车或飞机一样，运动主要包括了机器人的位置和前进方向，对于3D单腿跳跃机器人其速度控制或系统状态是否就是以房间中某个固定坐标系来描述呢？其实对于房间中的坐标系定义，因为其没有具体的朝向规定，其坐标系定义是十分自然的。

注：在之前的实验中，我们使用的都是机体坐标系，如在第4章中描述的用于四足机器人控制的坐标系，其原点随机体运动，并随偏航角朝向进行旋转，但坐标系不受机体俯仰和横滚角度的影响。

6.3.2 跳跃周期与切换

运动中应该如何切换各个行为与动作，一种方式是简单地对腿部动作进行切换，即把每一个行为作为一个序列来处理。每条腿的周期切换都按照时间进度来推进，每条腿都可以依据之前的方法在摆动中对落足点进行选择，在支撑时对速度进行修正，并通过自身髋关节扭矩来纠正姿态误差，因此在这样的方法下控制系统将是完全独立的，在Donner(1984)的实验中设计的6足步行机器人就采用了这样的独立腿部控制器。

另一种方法将多余腿的运动紧密耦合在一起考虑，假设每个步态指定一组动作来驱动行为一致的腿。在一个完整的行为动作中，腿部关节的状态决定了运动行为的完成程度，最终决定步态运动的周期。例如，在小跑步态中，当对角线的两条腿都进行支撑时步态相序将发生切换，支撑中跳跃高度控制器与姿态控制器相互协调产生合适的髋关节扭矩，而机器人速度控制则基于质心速度估计结果对摆动落足点进行选择。

在上述两个策略中还有许多具体的细节需要考虑，如一组腿可同时出力来提供支撑，也可以单独来对姿态进行控制。在速度控制中所需要的反馈数据，既可以采用单腿运动学运算结果，也可以用机体质心状态的估计来代替。通过实验，我们将确定上述方案中哪些是最合适的。

注：在第一部分实验中，多腿控制策略采用了紧密耦合的方式。

6.3.3 腿部机构的协调运动

要实现四足机器人协调运动的关键是平衡各腿的支撑力，这样保证在外部扰动下机器人不会倾覆。摆动过程中身体姿态的变化将导致足端触地时刻的不同，因此协调支撑力实现稳定控制将变得非常复杂。另一个问题是腿部不同的支撑力输出将导致身体姿态的变化，足端只能位于地面上方且只能产生正向的支撑力,因此足端力向量本身方向约束的问题也是需要考虑的,下面给出几个可能比较合理的方式来分配调节腿部支撑力。

(1) 摆动过程需要主动驱动伺服控制器调节腿的长度,从而保证两腿离地的间隙是相同的。如果在水平地形上,上述机制能保证两腿同时着地。

(2) 伺服驱动器通过调节支撑腿的长度来保证其产生相同的轴向力,而对于单腿支撑的情况来说这是十分复杂的,当一条腿着地时腿部会快速伸长来抵消负载重量,而多腿支撑步态中控制系统会调节支撑力输出直到所有腿都接触地面,当某条腿的负载突然增加时也存在这样的情况。

(3) 伺服控制器调节腿部的长度,保证机体的姿态水平,但在调节中要保证腿不离开地面,否则腿部末端的弹簧将会影响支撑平衡。

$$r_{d,i} = L - k(p_i - p_{ave}) \tag{6.25}$$

式中:$r_{d,i}$为第i条腿部执行器的期望长度;L跳跃算法确定的期望长度值,其在支撑中会动态调节;p_i为弹簧压力;p_{ave}为平均弹簧压力;k为增益。

因此,如果用腿长来调节身体姿态,那么在计算腿部长度时就需要时刻考虑跳跃运动轨迹与姿态的问题。

(4) 根据每条腿的不同状态独立进行控制而不做任何协调处理,这样的方法在单腿跳跃机器人中是非常有效的,但实际系统中各腿间的协调将变得非常有意义。

控制系统的核心问题是如何协调腿部支撑力保证姿态,同时又克服机体的外部干扰。

注:在第一部分实验中,控制系统控制调节各腿的长度来保证支撑时它们产生相等的轴向力。

6.3.4 速度控制

在控制机器人速度时,支撑腿是相互协调还是独立控制的? 假设控制系统可以通过融合机器人关节反馈和姿态数据来估计前进速度,那么将有两个主要的控制策略:首先质心的速度可以预测足端的落足位置,同样可以采用髋关节速度来解算落足点的位置,若考虑偏航旋转问题,则第二种方法可能更好一些,如假设我们希望四足机器人可以以头部为转向中心来实现转动,这时后腿将侧向摆动,最终实现定轴转向的效果。

另一种速度控制方法是在支撑时通过速度控制误差来计算所需的髋关节扭矩,如果采用这样的方法,那么身体姿态调节必须采用之前提到的扭矩控制方法,在前面章节中腿部摆动相控制就类似这样的方法,Murphy 和 Raibert 在双足机器人的仿真中也采用了类似的机制(Murphy 和 Raibert,1985)。在摆动过程中,腿部落足点以实际速度来计算而与期望速度无关,同时在支撑中髋关节扭矩将用于对速度误差进行校正,而机体的姿态主动控制由各腿间支撑力来实现。

注:在第一部分实验中,我们根据质心的实际速度来确定摆动中的落足点,同时也加入了速度的误差项。

6.3.5 姿态控制

控制身体的姿态有以下三种方法。

(1)髋关节扭矩,站立时髋关节扭矩是机体俯仰和横滚姿态的误差函数。这种方法依赖于髋关节扭矩与腿部运动的协调。例如,如果希望机体向机头方向前倾,那么前腿必须缩短而后腿伸长,这样的方法与前面3D单腿跳跃机器中使用的方法类似,但当有多条腿时会变得更加复杂。

(2)腿部支撑力,通过协调腿部不同的推力,可以调节机器人的运动方向。Murphy(1984)在平面两腿机器人中采用了这样的方法来实现小跑步态,这样的方法在不同步态中会受到支撑腿数量的影响,如当四足机器人同侧腿支撑时,在总合力不变的前提下各腿支撑力的变化对横滚轴角速度变化是没有区别的。

(3)极限环,让机器人运动在极限环中来回往复。这可能被认为是一种利用腿部支撑力来控制身体姿态的方案,在跳跃周期中通过腿部支撑力输出时间的不同,极限环可以实现对机体周期运动行为的描述。Murphy就使用这样的被动模型来实现对机器人俯仰角的稳定控制(Murphy,1984)。

机体的姿态控制可以被划分为两个不同的坐标轴,即俯仰和横滚,利用扭矩与支撑力控制姿态的方法称为反馈控制,采用极限环的姿态控制称为前馈控制。若对俯仰和横滚轴姿态控制分别进行处理,则不需要对两个轴同时采用相同的控制方法,通过观察动物的步态可以为我们提供更合适的方案选择(表6.2)。例如:

(1)pronk是一种四足步态中典型的跳跃步态,其同时使用四条腿完成跳跃,在俯仰轴和滚动轴上都采用了反馈控制策略。

(2)trot小跑步态可以在俯仰和横滚轴上都使用反馈控制;也可以在两个轴上使用前馈控制;另外一种方案是在两腿支撑的对角轴上做姿态控制,在下一个周期支撑腿对角轴切换时绕其做姿态控制。

(3)pace使用围绕滚动轴的摇摆控制和围绕俯仰轴的反馈控制。

(4)bound使用关于滚动轴的水平控制和关于俯仰轴的前馈控制。

(5)gallop显然使用了关于俯仰的前馈控制,但还不清楚是什么稳定了滚动方向的运动。但除了俯仰,动物运动中还会出现左右摇摆,这其中是否还存在绕垂直轴主动摆动?这都是值得深入研究的问题。

注:在第一部分实验中,我们使用髋关节扭矩同时对俯仰和横滚轴进行控制。

表6.2 不同步态下姿态控制采用的策略

步态	俯仰	横滚
pronk	反馈	反馈
trot	反馈	反馈
pace	反馈	前馈
bound	前馈	反馈
gallop	前馈	具体分析

考虑到髋关节扭矩主要用来实现对姿态的调节,那么支撑中髋关节的相对转动是一个非常重要的问题,针对这个问题有以下两个方案可供选择:

(1) 当一组腿都承受了足够的负载,则被认为处于支撑可以开始产生扭矩来对姿态误差进行修正,由于需要足够的扭矩调节姿态,则在姿态调节时会在足端产生切向力保证其不会打滑;当一组腿中任意一条负载不足时认为处于离地状态,所有腿均终止输出扭矩来调节姿态。

(2) 当第 i 条腿第一次承受足够的负荷支撑时,它就开始纠正姿态误差。当第 i 条腿不再承受足够的负荷离地时,它就会停止校正姿态误差。

综上所述,姿态控制既可以是多腿协调紧密耦合也可以是独立控制的,这与髋关节扭矩输出的特性有关。例如,腿部的负载决定了何时产生相应的扭矩,因此扭矩调节量也与当前有多少条支撑腿输出扭矩来调节姿态有关。

另外,足地间的摩擦力也会对可调节姿态扭矩的大小进行限制,理论上每条腿能产生有效的姿态扭矩控制量与摩擦力大致成正比。

6.3.6 摆动交替

摆动是当一条腿离地不再提供支撑,同时向前摆动的过程。对于单腿系统,摆动过程非常简单,即当足端离开地面时腿就自动摆动到所需要的触地角度,从而等待与支撑相的交替过程。

而在足式机器人系统中,当触地腿提供支撑时,其他腿可以开始摆动,这样有两个优点:

(1) 摆动相时间不需要足够长来保证一条腿离地,因此腿部制动机构和控制器不需要足够快来保证离地和摆动切换,这其中考虑了带宽和速度匹配的问题。

(2) 因为摆动后的腿可以向前移动,而支撑腿向后运动,因此在运动时多腿系统不会出现单腿系统中较大的姿态倾斜。

另外,多腿系统的摆动切换相比之前更加复杂,最重要的问题是,当其他腿提供支撑时,要保证摆动腿长度足够短才能离开地面。此外,如果摆动腿需要首先抬腿缩短长度保证不被障碍物卡住,这样摆动将分为腿缩短、腿摆动、腿延长、机体上升摆动和机体触地反弹几个阶段,这样的摆动控制在第 4 章中是通过驱动液压系统调节腿长来实现的。

因此,摆动过程中驱动伺服系统可以调节腿部长度,让足端始终能距离地面保持 $H_{\min}$,摆动过程可以简单划分为以下几个阶段:

(1) 当离地后驱动腿部长度缩短,保证足端至少离地 $H_{\min}$。

(2) 一旦达到 $H_{\min}$ 的离地间隙,则基于速度估计选择落足点并驱动执行器保证足端位置达到设定的前向位置,同时继续调整腿长度来保持离地间隙。

(3) 当达到前向位置后腿部伸长并达到触地长度。

上述方法需要保证固定的离地高度,因此十分依赖腾空过程中 z 方向速度和高度的估计,其中 z 的估计值又依赖于 $\dot{z}(t_{lo})$ 的估计精度。

另一种方法是以时间为依据,即当腿缩短到固定长度后,足端向前移动一段时间,并在固定的延迟后伸长,这样的方法在本书中称作 I 型摆动。通过支撑腿触地切换信号来修正腿部的延长过程称为 II 型摆动,其优点在于同步两组腿的摆动、离地与支撑过程。

注:在第一部分实验中,我们使用 II 型摆动策略。

摆动过程实际可分为两个部分:第一部分指定何时缩短腿部、何时摆动腿部以及何时延长腿部;第二部分确定缩短、摆动和伸长腿的幅度与轨迹。对摆动运动的规划方法是将其与支撑腿的运动行为进行同步,假设一组腿的行为完全一致,则当支撑腿触地时摆动腿可以开始摆动,当支撑腿伸长准备离地时,摆动腿开始进行触地。

通过改变摆动轨迹与缩短伸长的幅度也能影响摆动与支撑的协调控制过程,摆动时可以将摆动腿髋关节角度伺服控制到支撑腿的髋关节角度负值,但在着地前必须要把足端运动到落足点规划的位置,上述方法只适用于类似 trot、pace 和 bound 运动步态。

在以上描述中,摆动相被划分为缩短离地、向前摆动、触地伸长三个阶段。当然还存在一个隐含的摆动运动,即在足端触地前会相对于机体向后加速,即保证触地时足端的速度与地面的速度相匹配,从而保证在触地时足端不会突然加速,这样能有效减少对足底部件的磨损,而在向前运动时的摆动与支撑间的过渡也会更加平滑。上述改进称为地面速度匹配,其对高速运动来说非常重要,但要实现精确的匹配非常困难。核心难点是在触地前足端向后加速运动必须满足两个条件:当触地时落足位置与规划误差较小,向后运动的速度与地面速度匹配,即需要机体在摆动中垂直、前向运动与足端的运动相协调。

综上所述,摆动规划涉及腿部摆动相动作的时序和摆动轨迹规划两个问题,规划算法必须指定何时停止缩短腿部以开始摆动,以及何时停止摆动开始伸长,还需要指定腿部缩短、伸长的幅度。

6.3.7 多条腿间的协调运动

前文中指出了在多腿系统中必须要确定多条腿协调控制的策略,确定在步态控制中各腿的运动是独立的还是紧密耦合的,那么我们具体要用什么方法来让多条腿协调运动呢?

一种方法是基于机器人的被动模型,让系统自动调节并最终达到某个步态运动的稳定状态。例如,如果控制系统对姿态的控制精度很高,就能保证摆动相各腿长度相同,这样能很好地保证所有腿均能同时触地(假设地面是水平的)。

下述三种步态,每种步态都需要多余腿之间的协调运动:

(1) pronk,所有的腿都一起运动。

(2) pair gaits,两条腿形成对角步态,成对腿是同步运动的,两对角腿之间的运动是反向的,其需要两个协调控制机制:

① 每条腿应该与另一条对角腿几乎同步运动。

② 成对对角腿间运动是相反的。

(3) gallops,每次仅一条腿着地和离地,存在一条、两条或三条腿多种支撑情况。

以下是为多组腿协调运行的方法,成对运动的两组腿称作同相运动,反相运动的两组腿称作反相运动:

(1) 步态运动中每条腿的同相运动对象,如表 6.3 所示。

(2) 步态运动中每条腿的反相运动对象,如表 6.3 所示。

(3) 在摆动过程中,一条腿会在另一条腿离地后开始延长,之后的系统状态将非常难以确定,因为此时机体还在向上运动,这会造成腿随机体向上运动导致无法触地,唯一的方法就是让其达到完全伸长的状态。

(4) 在支撑中对角腿将同时运动,当两腿都触地后开始产生支撑力。

表 6.3 中,LF 表示左前腿,LR 表示左后腿,RF 表示右前腿,RR 表示右后腿。

表 6.3 同相、反相运动腿之间的关系

同相运动				
腿	trot	pace	bound	pronk
LF	RR	LR	RF	LR
LR	RF	LF	RR	RR

续表

同相运动				
RH	LF	RF	LR	RF
RF	LR	RR	LF	LF
反相运动				
腿	trot	pace	bound	pronk
LF	RF	RF	LR	*
LR	RR	RR	LF	*
RH	LR	LR	RF	*
RF	LF	LF	RR	*

总　　结

第 2~5 章描述了如何实现奔跑和控制的概念，其包括三段式控制方法、单腿跳跃控制算法和一些工程上实现的技巧，本章讨论在实际系统设计中对上述模型可替代的方案，并对上述内容进行更深入的扩展。

6.1 节和 6.2 节描述了与前面介绍的不同的步态控制方案，表明了运动控制系统的设计空间很大，我们之前所提出的控制方法并不是最优的。

6.3 节考虑在特定实验条件下足式机器人控制策略的设计，其中很多都是基于直觉和假设得到的，需要借助于实验和测试才能确定它们是否为最合适的方案。

以下是对前面章节中足式机器人步态控制与决策的相关实验的总结，其步态控制的特点如下：

（1）模型设计采用机器人本体坐标系。
（2）腿部相序规划采用紧密耦合的方案。
（3）多腿支撑时考虑了对支撑力的平衡。
（4）根据机器人质心速度估计对各腿落足点进行独立计算。
（5）支撑时输出髋关节扭矩来调节姿态：

① 当所有腿一起支撑时，允许只用一条腿的髋关节扭矩来调节姿态进行控制。
② 支撑中每条腿对姿态的控制都是不同的。

摆动规划采用了 II 型策略。

附录6A 平面单腿模型的运动方程

下列公式适用于图6.1和图6.6中所示的模型,其采用达朗伯特原理从腿部和机体的动力学模型推导得出。

$$\ddot{z}_1 = \ddot{z}_0 - l_1(\ddot{\theta}\sin\theta + \dot{\theta}^2\cos\theta) \qquad (6.26)$$

$$\ddot{x}_1 = \ddot{x}_0 + l_1(\ddot{\theta}\cos\theta - \dot{\theta}^2\sin\theta) \qquad (6.27)$$

$$\ddot{z}_2 = \ddot{z}_0 + \ddot{r}\cos\theta - r(\ddot{\theta}\sin\theta + \dot{\theta}^2\cos\theta) - l_2(\ddot{\phi}\sin\phi + \dot{\phi}^2\cos\phi) - 2\dot{r}\dot{\theta}\sin\theta \qquad (6.28)$$

$$\ddot{x}_2 = \ddot{x}_0 + \ddot{r}\cos\theta + r(\ddot{\theta}\sin\theta - \dot{\theta}^2\cos\theta) + l_2(\ddot{\phi}\sin\phi - \dot{\phi}^2\cos\phi) + 2\dot{r}\dot{\theta}\sin\theta \qquad (6.29)$$

$$m_1\ddot{z}_1 = F_z - F_t\cos\theta + F_n\sin\theta - m_1g \qquad (6.30)$$

$$m_1\ddot{x}_1 = F_x - F_t\sin\theta - F_n\cos\theta \qquad (6.31)$$

$$J_1\ddot{\theta} = -F_x l_1\cos\theta + F_z l_1\sin\theta - F_n(r - l_1) - \tau \qquad (6.32)$$

$$m\ddot{z}_2 = F_t\cos\theta - F_n\sin\theta - mg \qquad (6.33)$$

$$m\ddot{x}_2 = F_t\sin\theta + F_n\cos\theta \qquad (6.34)$$

$$J\ddot{\phi} = F_t l_2\sin(\phi - \theta) - F_n l_2\cos(\phi - \theta) + \tau \qquad (6.35)$$

式中:(x_0, z_0)为足端的坐标;(x_1, z_1)为腿的质心坐标;(x_2, z_2)为机体质心的坐标;(F_x, F_z)为足端的水平力和垂直力;(F_t, F_n)是作用在腿部和身体之间的髋关节力。F_t与腿部相切,F_n与腿部垂直。

消去x_1、z_1、x_2、z_2、F_n和F_t,我们可以用状态变量θ、ϕ、γ来表示这些方程,并且代入$R = r - l_1$最终得到。

$$\begin{aligned}(mRr + J_1)\ddot{\theta}\cos\theta m + ml_2R\ddot{\phi}\cos\phi + mR\ddot{x}_0 + mRr\sin\theta = \\ Rm(\dot{\theta}^2R\sin\theta - 2\dot{\theta}\dot{r}\cos\theta + l_2\dot{\phi}^2\sin\phi + l_1\dot{\theta}^2\sin\theta) \\ -l_1F_x\cos^2\theta + (l_1F_z\sin\theta - \tau)\cos\theta + F_kR\sin\theta\end{aligned} \qquad (6.36)$$

$$\begin{aligned}(mRr + J_1)\ddot{\theta}\sin\theta + ml_2R\ddot{\phi}\sin\phi - mR\ddot{z}_0 + mR\ddot{r}\cos\theta = \\ -Rm(\dot{\theta}^2R\cos\theta + 2\dot{\theta}\dot{r}\sin\theta + l_2\dot{\phi}^2\cos\phi l_1\dot{\theta}^2\cos\theta - g) \\ -l_1F_x\cos\theta\sin\theta - \sin\theta(l_1F_z\sin\theta - \tau) + F_kR\sin\theta\end{aligned} \qquad (6.37)$$

$$\begin{aligned}(m_1l_1R - J_1)\ddot{\theta}\cos\theta + m_1R\ddot{x}_0 = \\ R(m_1L_1\dot{\theta}^2\sin\theta - F_k\sin\theta + F_x) - (F_z l_1\sin\theta - F_x l_1\cos\theta - \tau)\cos\theta\end{aligned} \qquad (6.38)$$

$$\begin{aligned}-(m_1l_1R - J_1)\ddot{\theta}\sin\theta + m_1R\ddot{z}_0 = \\ R(m_1l_1\dot{\theta}^2\cos\theta - F_k\cos\theta + F_z - m_1g) - (F_z l_1\sin\theta - F_x l_1\cos\theta - \tau)\sin\theta\end{aligned} \qquad (6.39)$$

$$J_1 l_2 \theta\cos(\phi - \theta) - Jr\phi =$$
$$R(F_k l_2 \sin(\phi - \theta) - \tau) + l_2 \cos(\theta - \phi)(l_1 F_z \sin\theta - l_1 F_x \cos\theta - \tau) \quad (6.40)$$

其中

$$F_k = \begin{cases} k_1 r_{s\Delta}, r_{s\Delta} > 0 \\ k_{stop} r_{s\Delta} - b_{stop} \dot{r}, 其他 \end{cases} \quad (6.41)$$

$$F_x = \begin{cases} k_g(x_0 - x_{td}) - b_g \dot{x}_0, z_0 < 0 \\ 0, 其他 \end{cases} \quad (6.42)$$

$$F_z = \begin{cases} k_g z_0 - b_g \dot{z}_0, z_0 < 0 \\ 0, 其他 \end{cases} \quad (6.43)$$

第 7 章　运动控制之查表法

本章讨论使用预先计算的数据表格,通过查表法来控制前进速度。该方法通过将系统状态变量划分为两组:一组变量在每个循环周期中以固定模式改变;另一组变量则在每个循环周期中自由变化,以充分利用足式运动周期性的特点。第二组变量将决定表格的大小,表格中存储的数据是通过单腿数学模型在支撑阶段的仿真计算得到的。通过多次重复仿真来表征不同支撑的情况。

由于控制所需的表格规模过大,也可以采用多项式曲面拟合的方法来近似估计表格数据。采用这种方法后,能够使用几十个参数得到整个表格数据的近似表征。仿真结果表明,采用查表法与多项式拟合方法都能够实现单腿平面模型的稳定控制和前行速度控制。

7.1　查表法控制的研究背景

使用精心设计的数据表格,查表控制算法能够实现复杂动态系统的控制。查表法控制可以使用任意复杂算法的计算结果数据来进行控制,把进行计算所需的时间代价通过离线方式来承担,因此查表控制法能够满足实时控制的需求,实现较好的控制效果。Hollerbach 的研究表明,在 9 关节以下机械臂的动力学计算中,查表法的运行速度是最快的(Hollerbach,1980)。本章主要参考 M. H. Raibert 和 F. C. Wimberly 发表于 IEEE Transactions on Systems, Man, and Cybernetics SMC-14:2,1984. 的"动态足式系统的查表法平衡控制"。

查表控制方法的另一个优点是易于实现查表法控制器通常对状态变量执行简单的计算以确定控制输出。计算过程基于被控系统的动力学描述。其计算过程十分简单,当控制计算的问题已知时,能够很容易地确定计算系数。该控制方法的学习过程在于通过被控系统的响应行为数据来确定计算系数值(Albus,1975a,1975b;Raibert,1978;Miura 和 Shimoyama,1980)。

查表控制方法的主要问题在于控制所需的表格规模,随被控动态系统的状态变量和控制输入维数扩大而发生指数型的增长(Raibert,1977)。为解决该问题,研究学者已经在多个方面开展了研究。Albus 使用哈希函数将天文数字规模的数据表映射到计算机的可用内存中实现机械臂控制(Albus,1975a,1975b)。他根据机械臂动力学理论设计哈希函数,以实现表格的最小化在这种情况下,能够使用哈希函数的前提是控制器的控制目标是机械臂运动的子集而不是所有运动。Horn 和 Raibert 通过控制计算量与表格化均衡来减小机械臂控制所需的表格规模(Raibert 和 Horn,1978)。他们的研究表明,对于大多数具有 n 个关节的机械臂,$(n-1)$ 维配置空间表就足够了。Simons 等研究人员(1982)通过寻找状态输入的最佳量化,进一步减小控制机械臂所需的表格规模。

本章我们将介绍一种能够实现单腿弹跳机平衡控制和前行速度控制的查表法控制器。我们没有采用直接设计表格形式的方法,而是通过对控制任务进行离散化,来获得和该控制任务匹配的合适表格规模。

当控制任务离散化后,表格仅对应系统状态变量的子集。本方法根据系统运动的重复循环特性,得到简单的离散策略。我们的研究还表明,多项式可以有效地逼近表格数据。这样的多项式相比表格需要更少的参数,但实时计算要多一些。实验数据展示了同时使用这两种方法控制单腿跳跃机的仿真结果。

7.2 控制问题

在原地跳跃过程中,每次落足点的位置决定了单腿跳跃机系统稳定和前进速度。参照第 6 章中介绍的平面单腿模型如图 7.1 所示。它包括一个机体,一个有弹性的腿,一个由制动器提供驱动力矩 τ 的髋关节和一个较小的足端。第 6 章介绍了该模型的细节以及运动方程。该模型像倒立摆一样倾斜和平衡。若落足点在左侧,则系统向右倾斜并加速。若落足点在右侧,则系统向左倾斜并加速。若落足点在身体正下方,则系统既不会倾斜也不会加速。当系统以某一速度前行时,就会有一组适应的规则。对于每一个前行速度都有一个向前的落足点位置,使得系统既不倾斜也不改变前行速度。

图 7.1 中,平面单腿模型的机体质量为 m,绕质心转动惯量为 J,腿部质量为 m_e,绕质心转动惯量为 J_e。机体和腿通过髋关节连接在一起,髋关节制动器产生的驱动力矩为 τ。腿部由刚度为 k_e,原长为 r_{s0} 的弹簧与长度为 w_e 的直线制动器组成。腿部的质心与足端的距离为 l_1。机体为刚体,质心距髋关节的距离为 l_2。地面以弹簧阻尼模型建模,刚度为 k_g,阻尼为 b_g。通过腿部制动器的周期性运动,实现系统在地面上的跳跃运动。整个系统的运动都在矢状平面内。附录 6A 给出了运动方程,仿真参数的值在表 6.1 中列出。

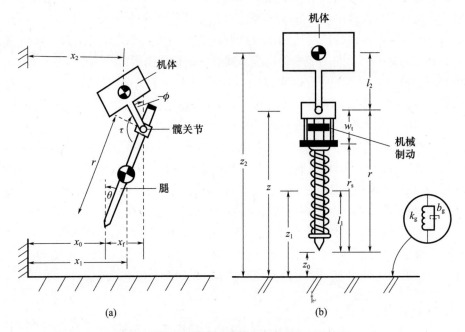

图 7.1 使用平面单腿模型来研究查表控制方法

在单腿跳跃机器人的飞行相中可以通过控制髋关节的力矩改变落足点相对于机体的位置,而且一旦落足触地后就不能再移动,因此落足点位置的选择十分重要,其将直接影响系统的稳定性。针对当前的问题,我们将系统第一次触地时落足点的位置作为系统的控制输入,而不是作为状态变量。

一旦跨步运动的周期确定了,控制单腿跳跃机系统的平衡和前行速度就转化为规划每个周期落足点的位置,使得系统达到期望的运动状态。我们只关心前行速度和机体姿态,更确切地说,整个控制任务就是在触地之前规划落足点的位置,足与地面接触时,规划足离开地面的时刻以最小化离地时系统的状态误差。控制中主要关注前行速度 $\dot{x}$、机体角度 ϕ 和机体角速度 $\dot{\phi}$ 的状态误差,并假设在飞行相中腿部的角度变化由线性伺服系统控制,即

$$\tau = -k_p(\theta - \theta_d) - k_v(\dot{\theta}) \tag{7.1}$$

式中:k_p, k_v 为反馈增益。进一步假设,在支撑相、腿和机体之间的夹角 $(\theta - \phi)$ 通过与式(7.1)类似的线性伺服系统控制保持恒定。控制的问题在于给定落地状态时,规划落地角度 θ_{td} 使得性能指数 PI 最小。

$$\text{PI} = Q_1(\dot{x}_{lo} - \dot{x}_d)^2 + Q_2(\phi_{lo} - \phi_d)^2 + Q_3(\dot{\phi}_{lo} - \dot{\phi}_d)^2 \tag{7.2}$$

式中:Q_1, Q_2, Q_3 为权重系数。

7.3 查表法控制策略

为了最小化式(7.2),需要建立系统状态与触地中状态变化的映射关系:
$$\boldsymbol{x}_{\text{lo}} = \Gamma(\boldsymbol{x}_{\text{td}}) \tag{7.3}$$
其中
$$\boldsymbol{x}_{\text{lo}} = [\dot{x}_{\text{lo}} \quad \phi_{\text{lo}} \quad \dot{\phi}_{\text{lo}}]$$
$$\boldsymbol{x}_{\text{td}} = [x \quad \dot{x} \quad z \quad \dot{z} \quad \phi \quad \dot{\phi} \quad \omega \quad \dot{\omega} \quad \theta \quad \dot{\theta}]$$

通常,系统从触地到离地腾空的支撑过程是由触地时的系统状态变化决定的。根据跳跃运动的周期性,我们将状态变量分为两组:一组是从一个步态周期到下一个步态周期始终保持不变的,另一组则是变化的。我们假设变量 z、$\dot{z}$、ω 和 $\dot{\omega}$ 在步态周期间沿着相同的轨迹变化。这些变量对于式(7.3)中映射关系十分重要,但是它们的影响在每次弹跳期间几乎是恒定的。因此,这些变量在式(7.3)中不必以独立变量的形式存在,而可以表示为状态变量的子集,即

$$\boldsymbol{x}_{\text{lo}} = \Gamma(\boldsymbol{x}'_{\text{td}}) \tag{7.4}$$

式中:$\boldsymbol{x}'_{\text{td}} = [\dot{x}_{\text{td}} \quad \phi_{\text{td}} \quad \dot{\phi}_{\text{td}} | \theta_{\text{td}}]$,向量 $\boldsymbol{x}_{\text{td}} = [\dot{x}_{\text{td}} \quad \phi_{\text{td}} \quad \dot{\phi}_{\text{td}}]$ 为触地状态向量,向量 $\boldsymbol{x}'_{\text{td}} = [\dot{x}_{\text{td}} \quad \phi_{\text{td}} \quad \dot{\phi}_{\text{td}} | \theta_{\text{td}}]$ 为增广状态向量,向量 $\boldsymbol{x}_{\text{lo}} = [\dot{x}_{\text{lo}} \quad \phi_{\text{lo}} \quad \dot{\phi}_{\text{lo}}]$ 为抬腿状态向量,并定义一个向量场 Λ,对于 $\boldsymbol{x}'_{\text{td}}$ 的每一位,Λ 中都存在一个独立的 $\boldsymbol{x}_{\text{lo}}$ 与之对应。

针对当前这个问题,由于在腾空相中 θ 的值可以随意改变,我们将 θ 视为控制变量,而将 $\boldsymbol{x}_{\text{td}}$ 中的其他变量视为状态变量。总的来说,该系统包含 i 维控制变量和 n 维状态变量。

向量场 Λ 由一个多维表格来近似表示,表格的一个维度与 Λ 的每一维对应,所有维度都采用 M 级量化。整个系统的 n 个状态变量和 i 个控制变量均进行 M 级量化,因此表格中共有 M^{n+i} 个超区域,每个区域存储一个 n 维向量。量化级别 M 的选择需要保证表格量化足够精细,使其能够有效反映 $\boldsymbol{x}_{\text{lo}}$ 变量的变化。

我们使用上述表格,在仿真中进行了控制试验。前进速度 $\dot{x}$、机体角度 ϕ 和机体角速度 $\dot{\phi}$ 是表格中的状态变量,因此参数 $n=3$。腿和机体的夹角 θ 为控制输入变量,因此参数 $i=1$。这些变量共同描述一个四维空间。该表格中的每个维度采用 9 级的量化,参数 $M=9$,表格中共需要存储 $nM^{n+i}=19683$ 个变量值。为了补偿采样量化误差,读取表格数据的函数 $T(\boldsymbol{x}'_{\text{td}})$,在 $2n+1$ 个存储变量中使

用线性插值的方法获得期望数据。

通过进行大量不同初始条件下的循环运动仿真,来获得表格中的数据。在这些仿真中,与实际控制方案相同,腿与机体的夹角在支撑相中由式(7.1)的驱动系统控制保持恒定。为了最小化式(7.2)的性能指标,$x = x_{td}$的支撑相下,根据在取值范围内变化的θ确定搜索路径,在表格中进行搜索。最小化性能指标的具体过程在附录7A中给出。在触地之前,腿部运动到θ最小的位置。

对该查表法控制器,针对简单的平衡问题,在仿真中进行验证。任务目标是使单腿系统在初始倾斜的姿态下恢复平衡。用于仿真测试的系统机身角度和水平位置如图7.2所示,仿真时,在$t=0$的初始状态,系统的初始角度误差为0.8rad,在$t=1$时刻,整个系统从0.3m高度落下,并开始跳跃运动(如图中虚线所示)。控制目标为$\dot{x}_d = 0, \phi_d = 0, \dot{\phi}_d = 0$。大约6s后,系统到达无前行运动的垂直姿态,系统的状态误差趋近于零。在仿真测试中没有进行位置控制。权重系数$Q_1 = 1.5, Q_2 = 5.0, Q_3 = 1.0$。

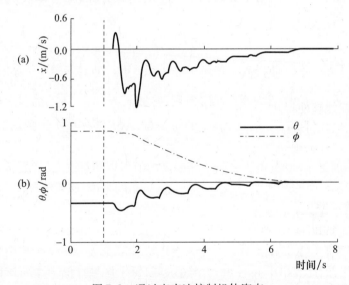

图7.2 通过查表法控制机体姿态

当控制单腿系统由一个点运动到另一个点时,使用相同的算法来控制前进速度。前行控制的结果如图7.3所示,通过速度控制间接控制位置。由于前进速度比较小,在可以实现精确控制的同时,不产生极限环问题(Raibert,1981)。前进速度较低是由于支撑相中髋关节运动受限导致的,而不是采用查表法控制器造成的。权重系数$Q_1 = 1.0, Q_2 = 5.0, Q_3 = 1.0$。

在本次仿真测试示例中,控制输入θ在支撑和腾空的间隔过程中没有明显的变化,支撑中髋关节角度保持固定值不变。通常,控制输入不一定是恒定的,但它们的变化不会超出表格中所示的自由度。这意味着控制信号可以具有丰富的变化,其所有的变化都可以完全由式(7.3)的增广状态向量确定。

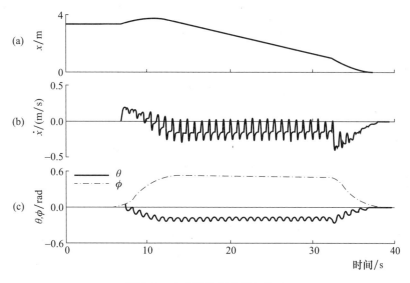

图7.3 查表法控制的侧向移动

以上介绍的表格用来替代式(7.3)。控制过程实际上是,在已知 x_{td} 和 x_d 时,通过寻找能够使得式(7.2)的性能指标达到最小的 θ_{td} 值来完成控制。在最小化性能指标的过程中,只有 θ 变化而 x_{td} 和 x_d 保持固定,因此仅需要通过对表格数据的一维搜索来找到最小化性能指标的控制量。如附录7A所述,在表格的每个量化区域内,采用解析的最小化方法。此方法求解一个控制输入大约需要 $(n(M+1)-1)2^n + (M-1)(7n-1)$ 次乘法运算,则 $n=3$,$M=9$ 时每次跳跃过程需要运行408次乘法运算。

此外,在某些情况下,可以创建一个不需要在线搜索的表格实现满足式(7.2)最小化。该表格要求已知 x_d,ϕ_d,$\dot\phi_d$,Q_1,Q_2 和 Q_3 具体值,针对这种特殊情况,控制过程可以在不需要在线搜索的情况下完成,但我们没有针对这个想法进行实验验证。

7.4 表格数据的多项式逼近

7.3节的研究表明,查表控制方法可以使用少量的状态变量和控制变量有效地控制非线性动力学系统。但是,即使对问题进行了分解,该方法在应用时对系统内存的需求仍然很高。本节将介绍通过状态变量的多项式对表格数据进行拟合。多项式的系数要比原始表格中的条目少很多，但要进行额外的在线计算。

对于一个具有 n 维状态变量，i 维控制变量的系统，构造 n 个多项式，每个多项式都是 $N=n+i$ 个状态变量和控制变量的函数。每个多项式都最小化与表格中数据的误差平方和。

设矩阵 A 每行包含 N 个状态变量和控制变量；矩阵 B 为包含相应行中状态变量下一阶段值的矩阵（即腾空相）。矩阵 A 和 B 共同组成表格的数据结构。式(7.5)为表格的一连串独立项。矩阵 C 一行中 M 列数据的值，通过矩阵 A 对应行数据计算得到。

$$[x_1^{\alpha_{11}} x_2^{\alpha_{12}} x_3^{\alpha_{13}} x_4^{\alpha_{14}}, \quad x_1^{\alpha_{21}} x_2^{\alpha_{22}} x_3^{\alpha_{23}} x_4^{\alpha_{24}}, \quad \cdots, \quad x_1^{\alpha_{M1}} x_2^{\alpha_{M2}} x_3^{\alpha_{M3}} x_4^{\alpha_{M4}}] \quad (7.5)$$

$$C^T C X = C^T B \quad (7.6)$$

式(7.6)是一个线性方程，其解 X 的每一列中包含估计矩阵 B 相应列中数据的最小二乘多项式系数(Stewart,1973)。多项式由上述序列的指数确定，其中许多指数被设定为零。

通过使用此类多项式，可以将式(7.2)性能指标达到解析的最小化。具体的过程在附录7B中给出。针对单腿跳跃机器人，x'_{td} 的组成变量，即 $\dot{x}_{td}$，ϕ_{td}，$\dot{\phi}_{td}$，θ_{td} 是多项式的自变量，x_{lo} 的组成变量，即 $\dot{x}_{lo}$，ϕ_{lo}，$\dot{\phi}_{lo}$ 是要近似的变量。

我们在之前图7.2所示的仿真环境及其他类似测试中，对几种多项式逼近进行了测试。在每次测试中，都将测试结果与表格的数据进行了对比。我们将表格数据对应的 ϕ 轨迹与多项式对应的轨迹之间的面积作为度量指标。测试中使用的轨迹如图7.4所示，具体的轨迹间面积如下。

(1) 24元多项式由3阶或更低的奇数项组成。20s后，机体角度仍未达到目标值。表格和24元多项式对应轨迹之间的面积为 3.24rad·s。

(2) 40元多项式由1次和3次的所有项以及16个5次多项式组成。控制结果与查表控制结果类似，但收敛速度稍慢。表格和40元多项式对应轨迹之间的面积为 1.12rad·s。

(3) 68元多项式包括1次、3次和5次的所有项。收敛速度比40元多项式稍快。表格和68元多项式对应轨迹之间的面积为 1.05rad·s。

(4) 625元多项式由所有自变量不超过4次的项组成。控制行为类似于原始列表数据。表格和625元多项式对应轨迹之间的面积为 0.23rad·s。

表7.1列出了每个多项式的拟合误差，前面给出的面积度量指标可以比全局拟合误差指标更真实地评估多项式，因为它考虑了表格中用于控制的部分和不用于控制的部分。

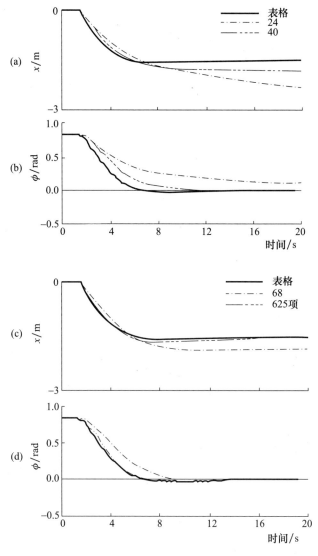

图 7.4 四种不同的多项式逼近方法与查表法控制的对比结果

表 7.1 每个多项式中三个状态变量的拟合误差

次数	均方差		
	$\dot{x}$	ϕ	$\dot{\phi}$
24	16.6	0.602	4.53
40	13.5	0.527	4.39
68	10.5	0.359	4.25
625	9.55	0.308	3.94

使用查表法时,需要在线搜索使得式(7.2)达到最小的控制量。具体来说,搜索是在$\dot{x},\phi,\dot{\phi}$保持固定θ可变的状态下进行的。在$-1<\theta<1$的区间内平均划分9个间隔点对表格进行量化。在每个子区间内,针对x_{l_0}的每个元素导出线性插值公式。由于θ是唯一的自由变量,用式(7.2)对θ求微分得到微分方程,求解该方程等于零时的解,共计算得到8个结果,我们选择其中一个使得全局最小的,具体的过程参见附录7A。

在多项式拟合时也使用了类似的方法。因为在搜索θ时$\dot{x}$、ϕ、$\dot{\phi}$保持固定,四元多项式转变为简单的一元多项式。例如,针对之前讨论的68元多项式,三个多项式中θ的最高次幂为5。当计算控制量时,三个多项式的每一个需要计算6个系数;这些系数是由$\dot{x}$、ϕ、$\dot{\phi}$的给定值以及68元多项式的原始系数决定的。将该6元多项式代入式(7.2)中,可以得到关于θ的10次微分方程,求解结果是关于θ的9次多项式,其零点可以使用拉盖尔方法(Laguerre's method)(Dahlquist等,1974)得到。对于$-1<\theta<1$区间内的每个实零点,通过性能指标PI进行评估,其中的最小值即为使得全局最优的θ值。具体的过程参见附录7B。

采用这种方法最小化式(7.2),不需要对包含4个变量的多项式寻找零点。24元多项式只需要在θ中找到一个5次多项式的零点,而40项、68项,和625元多项式需要求解关于θ的9次、9次和7次多项式的根。

通常来说,应用多项式拟合方法的计算成本不能准确界定,由于求解方程根时采用的是迭代方法,计算成本取决于多项式中具体包含哪些项。为了对多项式拟合表格数据的计算成本有大致把握,我们测量了上述4个多项式计算所需要的乘法次数。

计算成本主要分为两部分:应用附录7B所述的方法将原始多元多项式转换为关于θ的一元多项式所需的乘法次数,以及应用拉盖尔方法求解多项式的根所需的乘法次数。如表7.2所示,按照这种粗略估计的方法,可以得到使用几十项的多项式拟合方法时在线计算成本是查表法的3~4倍,而使用625元多项式拟合所需的在线计算成本是查表法的近10倍。

表7.2 多项式拟合与查表方法的计算成本对比

	次数	转换多项式乘法次数	求根乘法次数	总次数
多项式拟合法	24	196	369	556
	40	343	1935	1378
	68	460	1035	1495
	625	2822	875	3697
查表法				408

第7章　运动控制之查表法

总　　结

当非线性动力学系统不能使用简单的逆动力学描述,或者在线计算量过大时使用查表法控制将是十分有效的。使用查表法进行控制的局限主要在于所需的表格规模很大,本章中我们主要从两个方面解决了该问题。

首先,我们利用腿足式运动的周期性特征将系统的状态变量划分为两组:可预测的固定周期性变化的和自由变化的变量,其中只有自由变化变量决定表格的规模大小。

其次,我们使用多元多项式拟合表格数据。这种方式通过牺牲一定精度来大大减少所需的内存需求。我们测试了40元和68元两种多项式拟合方法,都具有良好的性能,并且所需的内存存储需求和计算成本都较小。

使用查表方法进行控制需要根据系统的当前状态对系统的未来状态进行预测。针对运动问题,查表数据提供了一个基于触地情况对支撑时系统状态的预测。这种预测与通过系统运动状态方程前向积分是类似的,但计算速度更快,计算量更少。

附录7A　查表法性能指标最小化

给定触地时状态$[\dot{x},\theta,\dot{\theta}]$的值,来求解最小化性能指标$\text{PI}([\dot{x}_{\text{lo}}\theta_{\text{lo}}\dot{\theta}_{\text{lo}}])$的变量$\phi$的值,其中$[\dot{x}_{\text{lo}}\theta_{\text{lo}}\dot{\theta}_{\text{lo}}]=\boldsymbol{T}([\phi\dot{x}\theta\dot{\theta}])$是下一阶段腾空相的状态向量,$\boldsymbol{T}$为用线性插值实现查表的向量函数,而$T_i$是$\boldsymbol{T}$的第$i$个分量。性能指标函数为

$$\text{PI}(\begin{bmatrix}\dot{x}_{\text{lo}} & \theta_{\text{lo}} & \dot{\theta}_{\text{lo}}\end{bmatrix}) = Q_1(\dot{x}_{\text{lo}}-\dot{x}_{\text{d}})^2 + Q_2(\phi_{\text{lo}}-\phi_{\text{d}})^2 + Q_3(\dot{\phi}_{\text{lo}}-\dot{\phi}_{\text{d}})^2$$

(7.7)

式中:Q_1,Q_2,Q_3为权重系数;$\dot{x}_{\text{lo}},\theta_{\text{lo}},\dot{\theta}_{\text{lo}}$为期望值。

假设$\dot{x}_A\leqslant\dot{x}\leqslant\dot{x}_B,\theta_A\leqslant\theta\leqslant\theta_B,\dot{\theta}_A\leqslant\dot{\theta}\leqslant\dot{\theta}_B$且$\phi_A\leqslant\phi\leqslant\phi_B$,其中下标$A$和$B$表示表格中量化的相邻值。以式(7.7)右侧的第一项为例,可以根据表格数据将其转化为

$$Q_1(\dot{x}_{\text{lo}}-\dot{x}_{\text{d}})^2 = Q_1\left(\frac{(\phi-\phi_A)\dot{x}_B-(\phi_B-\phi)\dot{x}_A}{(\phi_B-\phi_A)}-\dot{x}_{\text{d}}\right)^2$$

(7.8)

式中:$\dot{x}_A=T_1[(\phi_A\dot{x}\theta\dot{\theta})],\dot{x}_B=T_1[(\phi_B\dot{x}\theta\dot{\theta})]$。也就是在三个状态变量线性插值后,将表格中相邻的量化值以及$\phi、\phi_A、\phi_B$代入线性插值公式中。式(7.8)表示针对ϕ的线性插值。

可以将式(7.8)的右侧重写为

$$Q_1(\dot{x}_{lo} - \dot{x}_d)^2 = Q_1(\phi Q_A + Q_B)^2 \tag{7.9}$$

其中

$$Q_A = \frac{\dot{x}_B - \dot{x}_A}{\phi_B - \phi_A} - \dot{x}_d, \quad Q_B = \frac{\dot{x}_A \phi_B - \dot{x}_B \phi_A}{\phi_B - \phi_A} - \dot{x}_d$$

对式(7.7)中其他两项采取同样的处理,可以得

$$\text{PI} = Q_1 [Q_A \phi + Q_B]^2 + Q_2 [Q_C \phi + Q_D]^2 + Q_3 [Q_E \phi + Q_F]^2 \tag{7.10}$$

将式(7.10)对 ϕ 进行微分并等于0,得到关于 ϕ 的微分方程,求解微分方程可以得到 $\phi_A \leq \phi \leq \phi_B$ 区间内使 PI 最小的变量 ϕ 解析解:

$$\phi = -\frac{Q_1 Q_A Q_B + Q_2 Q_C Q_D + Q_3 Q_E Q_F}{Q_1 Q_A^2 + Q_2 Q_C^2 + Q_3 Q_E^2} \tag{7.11}$$

为了获得使 PI 全局最小的变量 ϕ,需要针对变量 ϕ 的 $M-1$ 个量化子区间,都进行一次相同的计算。

附录 7B 多项式拟合性能指标最小化

使用 K 项多项式近似拟合表格数据的一般形式为

$$\begin{cases} \theta_{lo} = f_{1,1} \phi^{\alpha_{11}} \theta^{\alpha_{12}} \dot{\theta}^{\alpha_{13}} \dot{x}^{\alpha_{14}} + \cdots + f_{1,K} \phi^{\alpha_{K1}} \theta^{\alpha_{K2}} \dot{\theta}^{\alpha_{K3}} \dot{x}^{\alpha_{K4}} \\ \dot{\theta}_{lo} = f_{2,1} \phi^{\alpha_{11}} \theta^{\alpha_{12}} \dot{\theta}^{\alpha_{13}} \dot{x}^{\alpha_{14}} + \cdots + f_{2,K} \phi^{\alpha_{K1}} \theta^{\alpha_{K2}} \dot{\theta}^{\alpha_{K3}} \dot{x}^{\alpha_{K4}} \\ \dot{x}_{lo} = f_{3,1} \phi^{\alpha_{11}} \theta^{\alpha_{12}} \dot{\theta}^{\alpha_{13}} \dot{x}^{\alpha_{14}} + \cdots + f_{3,K} \phi^{\alpha_{K1}} \theta^{\alpha_{K2}} \dot{\theta}^{\alpha_{K3}} \dot{x}^{\alpha_{K4}} \end{cases} \tag{7.12}$$

式中:下标 lo 表示下阶段腾空相的值;$[\theta \dot{\theta} \dot{x}]$ 为触地时的状态向量。因为 ϕ 是唯一的自由变量,式(7.12)可以重写为

$$\begin{cases} \theta_{lo} = F_{1,1} \phi^{\beta_0} + \cdots + F_{1,N} \phi^{\beta_N} \\ \dot{\theta}_{lo} = F_{2,1} \phi^{\beta_0} + \cdots + F_{2,N} \phi^{\beta_N} \\ \dot{x}_{lo} = F_{3,1} \phi^{\beta_0} + \cdots + F_{3,N} \phi^{\beta_N} \end{cases} \tag{7.13}$$

式中:$\beta_0 \geq 0$ 和 β_N 是式(7.12)中 ϕ 的最高次幂。将式(7.13)代入能够将 PI 转化为关于 ϕ 的 $2\beta_N$ 阶多项式函数:

$$\text{PI} = G_0 + \theta_d^2 + \dot{\theta}_d^2 + \dot{x}_d^2 + G_1 \phi^{2\beta_0} + \cdots + G_N \phi^{2\beta_N} \tag{7.14}$$

可以使用拉盖尔(Laguerre)方法求解此多项式导数的实零点,根据每个零点计算式(7.13)的值并代入式(7.7)中,来求解使得 PI 全局最小的解。

第8章 动物与足式机器人

本书的研究目的是形成一套理论,这个理论旨在通过相关的实验结果来帮助我们发掘足式机器人运动基本控制原理。这些基本控制原理可以提高我们对自然界中足式动物运动行为的理解,还能帮助我们设计真正的机器人。

在本章中,我们将注意力从控制系统的设计转移到与动物的联系上。以下内容将前文中的研究结果与动物运动的研究紧密联系起来。本章将会用到我们之前提出的很多概念,并且通过对动物的实验分析,将动态平衡控制推广为一项实用的技术。

8.1 动物的运动能力实验

为了理解自然界中的足式运动,我们需要以动物运动为对象进行实验。本节列出了一些实验,旨在探索生物用于行走和奔跑的控制机制与算法。每个实验都是基于研究足式机器人过程中产生的一些观察或想法。这些运动的算法细节,如那些已经在机器人中实现的算法,将有助于设计关于动物的运动能力实验。

对动物运动能力的研究也有助于发展机器人的相关控制与感知理论。生物学既能帮我们证明什么是可能实现的,还能为我们提供复杂仿生运动的相关数据。这些研究在未来将可能帮助解决以下两个问题:制造运动能力更优秀的机器人,理解动物卓越运动性能的来源。

8.1.1 以机器人控制算法出发的动物实验

平衡算法

在我们研究过的足式机器人和计算机仿真中,都使用一种特定的算法,来确定足端相对于机体质心的触地位置,即摆动中足端向前移动的距离为 $x_{\mathrm{f}} = T_{\mathrm{s}}\dot{x}/2 + k_{\dot{x}}(\dot{x} - \dot{x}_{\mathrm{d}})$,该计算公式基于倒立摆的倾覆点预测模型得出。

那么,动物也会用类似的方法来确定落足的位置吗?要找到答案,必须测量前进速度、飞行阶段身体的角动量,以及足端位置的变化过程。我们不必像在研究运动能量和神经网络控制模型一样考虑多步最终产生的平均行为,而必须使用运动学和力传感器的数据来研究每一步中的相关变量。

平衡中的对称性

我们在机器人控制系统设计中,运用了运动对称平衡性。这种对称性规定,身体在空间中的运动,以及足端相对于机体的运动,在每个支撑周期内,都是关于时间的奇偶函数。猫和人的奔跑数据也表明了这样的对称性。原则上,对称性可以独立于腿的数量和步态。尽管如此,对称性只为平衡提供了充分的条件,而不是必要的条件,同时也出现了许多问题:

(1) 支撑点对称性运动,是否被人和动物普遍使用?
(2) 对称性的精度如何衡量?
(3) 对称性理论能否拓展至多腿系统中?
(4) 身体和腿的非对称性结构,将如何影响运动的对称性?
(5) 腿存在的被动弹性能否通过调节轴向推力输出来提高平衡性?

足端落点算法

为了通过不规则地形,足式系统必须根据障碍来选择落足位置,且必须将足端落到选中的触地点。如图8.1所示,在图8.1(a)中,跳跃后的足端位置是正确的;但是在图8.1(b)中,足端离积木太近;在图8.1(c)中,足端离积木太远。

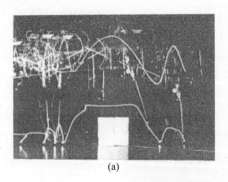
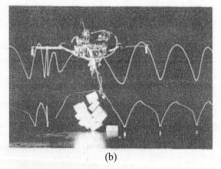
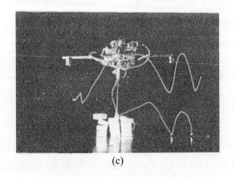

图8.1 跨越障碍时的足端位置选择实验

图 8.2 中的实心曲线描绘了奔跑时机体的变化路径。当在水平线以下时,系统处于支撑相,当在水平线以上时,为腾空相。垂直的虚线分割了步幅。图 8.2(a)中,控制系统根据站姿的不同,调整腿部刚度,进而调整支撑时移动的距离。图 8.2(b)中,控制系统通过调整跳跃的高度来改变滞空时间。图 8.2(c)中,控制系统调整向前的速度。在上述的三种策略中,左侧的两个步幅是相同的,右侧的步幅则更短(Hodgins,1985)。

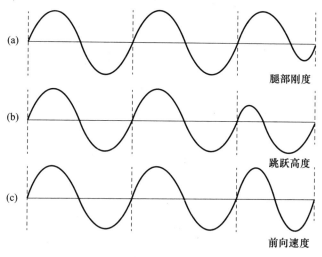

图 8.2 三种调整步长的策略

图 8.1 阐述了这种做法的不足之处。为了使得实验室机器人能够通过简单的不规则地形,我们确定了三种调整步长的策略,每一种策略都调整了步态的某些参数,即:

(1)向前的速度;
(2)持续支撑时间;
(3)持续摆动时间。

图 8.2 描述了控制步长以及间接控制足落点的机制。那么这些机制有没有是在自然系统中存在的呢?为了研究这点,我们可以观察动物越过障碍,或观察落点固定时人的奔跑行为。Lee,Lishman 和 Thomsan(1982)的数据以及 Warren,Lee 和 Young(1985)的数据表明,人通过改变摆动时间,来做出步长调整。

图 8.3 描述了平面双足机器人高度控制实验结果,最开始时有随机的波动,但很快就稳定了。图 8.3(a)中的三个姿态,与垂直虚线相对应(Murphy 和 Raibert,1984)。

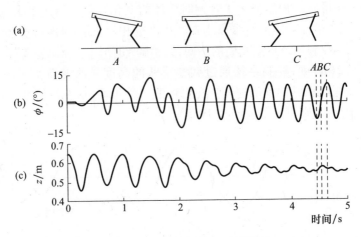

图8.3 高度稳定的平面双足机器人

身体质量分布

Karl Murphy 发现,身体质量的分布能够对运动系统的行为产生很大的影响。它定义表示物体的标准化转动惯量,即 $j = J/(md^2)$,其能预测身体俯仰的被动稳定性。其中,J 为身体的转动惯量,m 为身体的质量,d 为髋间距的一半。如图8.4所示,当 $j=1$ 时,髋位于身体受冲击部分的正中心,系统像两个分离的振荡器,具有一定的稳定性。Murphy 发现,当 $j<1$ 时,来自左腿的向上运动导致了右腿向下加速,系统具有被动俯仰平衡的能力,身体的姿态可以稳定在一个有界的步态周期中。当 $j>1$ 时,来自左腿的垂直运动导致右图向上加速降低了俯仰轴的稳定性。

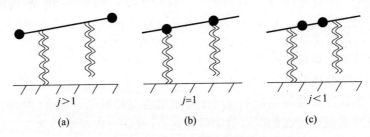

图8.4 转动惯量与身体俯仰平衡的关系

这一发现为腿足机构设计和动物行为分析提供了启发。这是否能说明,$j<1$ 的动物不需要关心控制姿态俯仰,而只需要关心奔跑的速度和方向?要回答这一问题,我们首先需要测出大量四足动物的 j 值,并与这些动物的习惯性运动模式加以联系。比如,四足动物的 j 值是否随其从小跑到快跑的过渡而发生变化?在 Fedak, Heglund 和 Taylor(1982) 的测量中,将提供足够的数据来解答这一问题。

第 8 章 动物与足式机器人

偏航角控制

奔跑的人类如何防止自身沿着 yaw 轴旋转呢？在单腿跳跃机器人中，yaw 轴的控制是非常困难的，因为没有能在地面产生旋转力矩的腿。但人类的腿很长，在原理上能够在地面上产生关于偏航的旋转力矩。研究这一问题，首先需要探究人类在奔跑的过程中，在地面上产生的旋转力矩，并将偏航运动与身体的扰动关联起来。

角动量守恒

牛顿动力学使得机器人在悬空时必须遵守角动量守恒。那么，在支撑相时，也满足角动量守恒吗？在支撑相时，我们并不要求角动量守恒，因为此时腿能对地面施加的力进行加速，但是若在支撑相中遵守角动量守恒，则能够提供更高的效率与更好运动能力。

腿在支撑相中应该保持恒定的角动量。一条腿的角动量是角速度乘以转动惯量。我们观察到，摆动腿虽然比支撑腿旋转得更快，但支撑腿的转动惯量更大。运动学数据将展示，在支撑时角动量是如何精准保持的。

虚拟腿

我们制造了一台使用小跑步态(trotting gait)的四足机器人。如第 4 章所述，它使用了虚拟腿的概念来简化控制。使用虚拟腿的概念，我们能将奔跑运动划分为两个简单的问题。一个是要采用正确的运动算法来控制虚拟腿；另一个是控制每个物理腿，使得虚拟腿的行为符合要求。

那么动物是否会像虚拟腿假设那样，将多个腿的行为耦合在一起呢？要回答这个问题，我们既需要测量步行和小跑时地面的作用力，也需要测量两条腿同时支撑时的力。测试中，需要干扰一条或者两条支撑腿，并测量支撑力的变化。

8.1.2 理论体系

为了研究运动控制，把仿生和机器人的设计制造结合在一起，是一个值得关注的方向。生物优异的运动能力具有巨大的研究价值，并通过对其行为的细节的研究提供设计指导。它们能启发我们，什么行为是可能存在的。不幸的是，生物系统是非常复杂的，其存在非常多的变量，它们的精准测量也很困难，实验人员能做的工作也很有限。

另外，简单的实验样机是非常容易制造的。当需要更精准的实验、测量以及控制性能的，重新设计"对象"是非常必要的。然而，与生物比起来，这些实验样机的性能是很差的。机器人虽然很容易设计与研究，但表现不如生物系统。

因此对生物系统的分析和实验是相辅相成的，机器人和生物都有其自身的优缺点。总之，二者可以相互佐证，从而互相阐明。由于机器人与生物系统一样,都受到物理法则和环境的约束,两者所采用的控制机理也可能非常相似。在研究机器人的运动问题中,我们为生物系统设计了一系列合适的测试。通过观察试验中生物的运动行为,让我们能为机器人设计出更合适的运动行为。

这种测试方法能够为机器人领域和生物学领域做出贡献,运动机理的研究亦然。

8.2 发展实用的足式机器人

本书所描述的机器人,应当被视为用于研究足式运动的实验平台或对象。它们并不是实用的机器人系统或者原型机。每一种机器人仅仅被设计来检验运动的某一机理,通常不考虑是否具有实用性,但只有考虑了实用性的系统才是真正有用的机器人。

在制造实用的机器人之前,我们需要解决很多工程和理论上的难题。其中一些问题要求理解腿足式步态运动中基本原理,还有一些要求大量的工程实践。本节列出了足式机器人实用化前需要解决的一些难题。

结合当前的发展状况,括号中的数字粗略地评估了在每个关键技术突破瓶颈的难度(1是非常简单,5是非常难)。

在平地上行走和奔跑[1]

只要系统使用外部测量装置提供方向和速度的精确值,此问题就能迎刃而解。

在起伏的地形中行走[3]

即便提前知道地形或高程地图,仍存在大量的控制和规划问题,如以下几个问题导致了复杂地形难以通过:

(1) 地面不水平。

(2) 地面摩擦力不足(打滑)。

(3) 高度落差垂直变化。

(4) 落足点垂直高度的微小变化(小于半腿长度的变化)。

(5) 落足点垂直高度的明显变化(落点之间的垂直距离与腿系统的尺寸相当)。

(6) 落足点连线间存在障碍。

(7) 离散分离的落足点(如梯子的横挡或梅花桩)。

解决这类地形问题的方法包括运动、控制、规划以及大量的数学和推导。虽然先验高程地图和地形信息非常重要,但使足式系统对地形较小起伏的自适应技术也同样重要,同时要制造能够穿越崎岖地形的足式机器人更需要具有实质性的、创新的机构设计。

速度和位置的测量[2]

对足式机器人位置、运动方向和运动速度的估计与测量非常重要。尽管这一问题在各种移动机器人系统中都很常见,但足式机器人对控制系统的带宽要求特别高,所以需要采用专用的技术来提供精确的状态估计信息。

地形感知[4]

要实现不借助人类操控足式机器人,最大的难点是确定前进路径中地形与高程地图信息。这个问题涉及感知、认知和空间表征。这个问题的困难程度与系统预期工作环境的复杂度有关,同时机器人运动速度也是影响其难度的另一个主要元素。

自身功耗[3]

真正的机器人需要自己供能,尽管车辆上携带大尺寸能源并不是太困难(如总重超过 1t 的车辆),但在较小尺寸下(如人体尺寸)携带动力能源依然是个困难的工程问题。

优化有效载荷、范围和速度[1]

如果一个机器人要成为一个运输平台,它必须能携带有效载荷,并且携带载荷的移动距离是相当重要的。运输速度也很重要。部分载荷可能是用于运动的必要部分,如计算设备、通信设备和燃料。通常,还需要运输一些不属于运动系统的东西,如机械臂或者感知系统。

有效载荷能力、移动距离和速度之间的权衡,对运输平台来说并不是新问题,但对足式机器人的影响和评估,则需要更多的研究。考虑这些因素并如何进行优化,是系统架构师和机械设计师们需要解决的问题,另外特殊的控制策略可能也非常重要。

8.3 跑步与杂耍非常相似

1983 年 7 月,在卡内基梅隆大学的一次非正式演讲中,Claude Shannon 提出了一些关于杂耍特技的想法。

定义:一般的杂耍中,抛掷物与手接触的时间,对于所有抛掷物和所有手都是相同的。从所有手上扔出的所有物体的飞行时间相等。

即,满足:

$$\frac{N}{H} = \frac{D+F}{D+V}$$

式中:N 为对象个数;H 为手的个数;D 为滞留时间,即每个对象与手接触的时间;F 为飞行时间,即每个对象在空中花费的时间;V 为手中没有对象的空闲时间。

为了制造一个杂耍机器，Shannon 提出了一个理论，它采用平面椭圆的变换来表示每只手的运动。相位、圆心位置以及椭圆的长宽比决定了杂耍的类型和飞行轨迹的形状。这些关于杂耍的研究，让我想到了杂耍和足式运动间的共同点：

（1）都是往复运动，系统的动力学决定了往复运动的节奏。

（2）杂耍的滞留时间 D、空闲时间 V 以及飞行时间 F，与足式运动中的支撑时间、摆动时间以及悬空时间相对应。注意，对于单腿机器人，摆动时间与悬空时间相同，而单球或者单手的杂耍里，空闲时间等于悬空时间。

（3）杂耍和奔跑中都存在着支撑的间歇性周期。在运动中，每个支撑相占了步态周期的一部分。在杂耍中，每个对象接触手的时间，也占了运动周期的一部分。

（4）在这两种运动中，都有一部分时间用于腾空运动。在腾空运动相中，物体的运动行为不能改变，因此在进行离地前的精准控制非常重要。

考虑排球比赛，想象两个人正在热身准备比赛。两名球员站在球网的两侧，来回击球。因为他们只是在热身，他们互相击球，而不是将球传到很难接的地方。球在飞行过程中，会沿在平面内的抛物线运动。每次击球时，球的方向都是相反的，这样球才能落回另一个球员的手中。

我们在双足运动系统中，也找到类似运动员与排球的关系，如双足行走和奔跑中身体的摇摆运动，就能用排球的往复运动模型进行描述。运动员与球的接触类似于足端和地面的接触。两个情境的主要不同在于，在排球当中，手不会随着球一起运动。当球在飞行过程中，它的轨迹为平面内的抛物线。当球被击中，其运动方向发生改变，飞向对面的运动员。重点是，在排球和步态运动中，系统的主要质量体必须在支撑点上来回移动，以保持运动的持续性。

到目前为止，我所描述的内容都与原地奔跑相对应，但不难想象排球运动员们在来回击球时，都以相同的速度，朝着相同的方向前进。在这种情况下，前后运动将叠加在上下弹跳运动以及摇摆运动中从而动态地调节运动员击球的间距。

8.4 足式运动与机械臂控制是否具有共同点？

对足式运动的研究，能为研究机械臂控制带来什么？足式运动的研究又能从机械臂控制中获得些什么？

一方面，足式运动是一个比机械臂控制更加复杂的问题。运动中的状态变量不能简单地被测量。当然，内部变量，如腿相对于身体的长度是可测量的，但运动系统在空间中的位置只能通过间接手段测量。与此相反，要测量机械臂在空间中的位置并不是什么难事。我们仅需要从固定基座开始,控制机械臂末端从一个空间位置移动到其他位置,使用角度传感器和运动学变换即可进行测量。除此之外,机械臂控制系统使用独立的电机来直接控制每个机械臂,但动态奔跑的系统的平移与朝向只能间接地通过朝某个方向跳跃、倾斜和下落来实现。

另一方面,机械臂控制又比步态运动控制更难。本书内容依赖于一个简单的、受约束的腿以及机体运动。跳跃运动就是当有弹性的腿和有质量的机体被激发时所发生的被动振动。在飞行过程中,腿主要完成落足位置控制,而不考虑腿的运动轨迹。尽管有上述限制,但这些行为仍拥有足式运动的重要特征。

与之相反,人们能够接受这样的观点:机械臂控制技术,可以适用于特定的步态运动中。运动学、动力学、轨迹规划以及传感器融合等技术,有望成为不同运动控制任务的通用工具。

如果你认识到运动是一项任务,而机械臂控制技术是一种工具,那么你就可以解决运动与操纵技术间的差异。运动是一项将系统状态从一点移动到另一点的任务。通常,完成移动任务所需的具体足式运动形式只被间接关注,这可能是因为它们会影响运动时间或效率,腿部运动只是用来完成运动目标。同样,机械臂的任务是堆叠、放置、组装零件等。我们只关心机械臂是否完成任务,而不关心它如何运动。

当人们以这种方式思考机械臂控制时,根据机械臂及其要完成的任务,其状态测量与控制与运动问题将完全相同。如果将机械臂控制视为由任务驱动,就可以自由地使用相应的控制方法。其产生的固定运动,只会是机械臂所能做的运动的子集。这种固定运动模式能够简化足式机器人运动的研究。也许,相应的方法能够在机械臂中得到成功运用。

参考文献

Agarwal, G. C., Berman, B. M., Stark, L., Lohnberg, P., Gottlieb, G. L. 1970. Studies in postural control systems: Parts I, II, and III. IEEE Trans. Systems Science and Cybernetics 6:116 – 132.

Albus, J. S. 1975a. A new approach to manipulator control: the Cerebullar Model Articulation Controller (CMAC). J. Dynamic Systems, Measurement, and Control 97:220 – 227.

Albus, J. S. 1975b. Data storage in the Cerebellar Model Articulation Controller (CMAC). J. Dynamic Systems, Measurement, and Control 97:228 – 233.

Aleshinsky, Zatsiorsky 1978. Human locomotion in space analyzed biome – chanically through a multi – link chain model. J. Biomechanics 11:101 – 108.

Alexander, R. McN. 1974. The mechanics of jumping by a dog. J. Zoology (London) 173:549 – 573.

Alexander, R. McN. 1976. Mechanics of bipedal locomotion. In Perspectives in Experimental Biology, P. Spencer – Davies (ed.) – Oxford: Pergamon Press, 493 – 504.

Alexander, R. McN. 1984. The gaits of bipedal and quadrupedal animals. International J. Robotics Research 3:49 – 59.

Alexander, R. McN., Goldspink, G. 1977. Mechanics and Energetics of Animal Locomotion^ London: Chapman and Hall.

Alexander, R. McN., Jayes, A. S. 1978. Vertical movements in walking and running. J. Zoology (London) 185:27 – 40.

Alexander, R. McN., J ayes, A. S. 1980. Fourier analysis of forces exerted in walking and running. J. Biomechanics 13:383 – 390.

Alexander, R. McN., Vernon, A. 1975. The mechanics of hopping by kangaroos (Macropodidas). J. Zoology (London) 177:265 – 303.

Alexander, R. McN., Langman, V. A., and J ayes, A. S. 1977. Fast locomotion of some African ungulates. J. Zoology (London) 183:291 – 300.

Alexander, R. McN., Maloiy, G. M. O., Ker, R. F., J ayes, A. S., Warui, C. N. 1982. The role of tendon elasticity in the locomotion of the camel (Camelus romedarius). J. Zoology (London) 198:293 – 313.

Anderson, F. 1967. Registration of the pressure power (the force) of the body on the floor during movements, especially vertical jumps. Biomechanics 1:87 – 89.

Arsavskii, Y. I., Kots, Y. M., Orlovskii, G. N., Rodionov, I. M., Shik, M. L. 1965. Biophysics of complex systems and mathematical models—investigation of the biomechanics of running by the dog. Biofizika 10:665 – 672.

Asatryan, D. G., Feldman, A. G. 1965. Functional tuning of nervous system with control of movement or maintenance of a steady posture. Biofizika 10:837 – 846.

Badler, N. L, Smoliar, S. W. 1977. The Representation of Human Movements Using a Digital Computer^ Moore School of Science, University of Pennsylvania, Philadelphia, MS – CIS – 78 – 4.

Bair; I. R. 1959. Amphibious Walking Vehicle. Patent Number 2,918,738.

Barclay, 0. R. 1953. Some aspects of the mechanics of mammalian locomotion. J. Experimental Biology 30:116 – 120.

Bassmajian, J. V., Tuttle, R. 1973. Engineering of locomotion in gorilla and man. In Control of Posture and Locomotion^ R. B. Stein, K. G. Pearson, R. S. Smith, J. B. Redford (eds.). New York: Plenum Press, 500 – 609.

Bavarian, B., Wyman, B. F, Hemami, H. 1983. Control of the constrained planar simple inverted pendulum. Int. J. Control 37:741 – 753.

Beckett, R., Chang, K. 1968. An evaluation of the kinematics of gait by minimum energy. J. Biomechanics 1:147 – 159.

Bekker, M, G. 1960. Off – The – Road Locomotion. Ann Arbor: University of Michigan Press.

Bekker, M. G. 1961. Is the wheel the last word in land locomotion? New Scientist 17:406 – 410.

Bekker, M. G. 1961. The evolution of locomotion: A conjecture into the future of vehicles. A SME Winter Annual Meeting WA – 303.

Bekker, M. G. 1962. Theory of Land Locomotion. Ann Arbor: University of Michigan Press.

Bekker, M. G. 1969. Introduction to Terrain – Vehicle Systems. Ann Arbor: University of Michigan Press.

Beletskii, V. V. 1975a. Biped locomotion dynamics I. Izv. AN SSSR. Mekhanika Tverdogo Tela 10 (3):3 – 14.

Beletskii, V. V. 1975b. Dynamics of two – legged walking, IL Izv. AN SSSR. Mekhanika Tverdogo Tela 10(4):3 – 13.

Beletskii, V. V., Chudinov, P. S. 1977. Parametric optimization in the problem of biped locomotion. Izv. AN SSSR. Mekhanika Tverdogo Tela 12(1):25 – 35.

Beletskii, V. V., Chudinov, P. S. 1980. Control of motion of a bipedal walking robot. Izv. AN SSSR. Mekhanika Tverdoga Tela 15(3):30 – 38.

Beletskii, V. V., Kirsanova, T. S. 1976. Plane linear models of biped locomotion. Izv. AN SSSR. Mekhanika Tverdogo Tela 11(4):51 – 62.

Bennet – Clark, H. C. 1975. The energetics of the jump of the locust, Schistocerca gregaria. J. Experimental Biology 63:53 – 83.

Bessonov, A. P., Umnov, N. V. 1973. The analysis of gaits in six – legged vehicles according to their static stability. In First Symposium on Theory and Practice of Robots and Manipulators. Amsterdam: Elsevier Scientific Publishing Co.

Beuter, A., Garfinkel, A. 1984. Phase plane analysis of limb trajectories in non – handicapped and cerebral palsied subjects. J. Motor Behavior.

Bramble, D. M., Carrier, D. R. 1983. Running and breathing in mammals. Science 219:251 – 256.

Buckett, J. 1977. Design of an On - board Electronic Joint Control System for a Six - legged Vehicle. Ph. D Thesis, The Ohio State University, Columbus, Ohio.

Burns, M. D. 1973. The control of walking in orthoptera, I. Leg movements in normal walking. J. Experimental Biology 58:45 - 58.

Camana, P. C. 1977. A Study of Physiologically Motivated Mathematical Models for Human Postural Control. Ph. D Thesis, The Ohio State University, Columbus, Ohio.

Camana, P. C. , Hemami, H. , Stockwell, C. W. 1977. Determination of feedback for human posture control without physical intervention. J. Cybernetics 7.

Cannon, R. H. , Jr. 1962. Some basic response relations for reaction - wheel attitude control. ARS J. 2:61 - 74.

Cappozzo, A. , Figura, F. , Marchetti, M. 1976. Interplay of muscular and external forces in human ambulation. J. Biomechanics 9:35 - 43.

Cappozzo, A. , Leo, T. , Pedotti, A. 1975. A general computing method for the analysis of human locomotion. J. Biomechanics 8:307 - 320.

Cavagna, G. A. 1970. Elastic bounce of the body. J. Applied Physiology 29:279 - 282.

Cavagna, G. A. 1975. Force platforms as ergometers. J. Applied Physiology 39:174 - 179.

Cavagna, G. A. , Kaneko, M. 1977. Mechanical work and efficiency in level walking and running. J. Physiology (London) 268:467 - 481.

Cavagna, G. A. , Margaria, R. 1966. Mechanics of walking. J. Applied Physiology 21:271 - 278.

Cavagna, G. A. , Heglund, N. C. , Taylor, C. R. 1977. Mechanical work in terrestrial locomotion: Two basic mechanisms for minimizing energy expenditure. American J. Physiology 233:R243 - R261.

Cavagna, G. A. , Komarek, L. , Mazzoleni, S. 1971. The mechanics of sprint running. J. Physiology 217:709 - 721.

Cavagna, G. A.) Saibene, F. P. , Margaria, R. 1964. Mechanical work in running. J. Applied Physiology 19:249 - 256.

Cavagna, G. A. , Thys, H. , Zamboni, A. 1976. The sources of external work in level walking and running. J. Physiology 262:639 - 657,

Cavagna, G. A. , Zamboni, A. , Faraggiana, T. , Margaria, R. 1972. Jumping on the moon: Power output at different gravity values. Aerospace Medicine 43:408 - 414.

Cavanagh, P. R. 1979. Ground reaction forces in distance running. J. Biomechanics 13:397 - 406.

Ceranowicz, A. Z. 1979. Planar Biped Dynamics and Control. Ph. D Thesis, Department of Electrical Engineering, The Ohio State University, Columbus, Ohio.

Ceranowicz, A. Z. , Syman, B. F. , Hemami, H. 1980. Control of constrained systems of controllability index two. IEEE Trans. Automatic Control AC - 25.

Chow, C. K. , Jacobson, D. H. 1971. Studies of human locomotion via optimal programming. Mathematical Biosciences 10:239 - 306.

Chow, C. K. , Jacobson, D. H. 1972. Further studies of human locomotion: Postural stability and control. Mathematical Biosciences 15:93 - 108.

Corliss, W. R., Johnson, E. G. 1968. Teleoperator Controls, NASA SP - 5070. Corson, P. E. 1958. Walking Tractor. Patent Number 2,822,878.

Coss, L., Chan, A. K., Goslow, G. E., Jr., Rasmussen, S. 1978. Ipsilateral limb variation in cats during overground locomotion. Brain Behav. Evol. 15:85 - 93.

Cotes, J. E., Meade, F. 1960. The energy expenditure and mechanical energy demand in walking. Ergonomics.

Cruse, H. 1979. A new model describing the coordination pattern of the legs of a walking stick insect. Biological Cybernetics 32:107 - 113.

Dahlquist, G., Bjorck, A., Anderson, N. 1974. Numerical Methods. Englewood Cliffs, NJ: Prentice - Hall.

Dawson, T. J. 1976. Energetic cost of locomotion in Australian hopping mice. Nature 259:305 - 307.

Dawson, T. J. 1977. Kangaroos. Scientific American 237:78 - 89.

Dawson, T. J., Taylor, C. R. 1973. Energetic cost of locomotion in kangaroos. Nature 246: 313 - 314.

Donner, M. 1984. Control of Walking: Local Control and Real Time Systems. Ph. D Thesis, Carnegie - Mellon University, Pittsburgh, Pennsylvia - nia.

Dougan, S. 1924. The angle of gait. American J. Physiological Anthropology 7:275 - 279.

Drillis, R., Contini, R. 1966. Body Segment Parameters. New York University, New York, Technical Report No. 1166.03.

Duysens, J., Loeb, G. E. 1980. Modulation of ipsi - and contralateral reflex responses in unrestrained walking cats. J. Neurophysiology 44:1024 - 1037.

Ehrlich, A. 1928. Vehicle Propelled by Steppers. Patent Number 1,691,233. Eisenstein, B. L., Postillion, F. G., Norgren, K. S., Seelhorst, E., Wetzel, M. C., 1977. Kinematics of treadmill galloping by cats II. Steady - state coordination under positive reinforcement control. Behavioral Biology 21: 89 - 106.

Elftman, H. 1934. A cinematic study of the distribution of pressure in the human Foot. Anatomical Record 59:481 - 490.

Elftman, H. 1939. Forces and energy changes in the leg during walking. American J. Physiology 125: 339 - 356.

Elftman, H. O. 1951. The basic pattern of human locomotion. Annals NY Acadamy of Science Record 51:1207 - 1212.

Elftman, H. O. 1967. Basic function of the lower limbs, Biomedical Engineering^ 342—345.

English, A. W. 1979. Interlimb coordination during stepping in the cat: An electromyographic analysis. J. Neurophysiol. 42:229—243.

Farnsworth, R. 1975. Gait Stability and Control of a Five Link Model of Biped Locomotion. MS Thesis, The Ohio State University, Columbus, Ohio.

Fedak, M. A., Heglund, N. C., Taylor, C. R. 1982. Energetics and mechanics of terrestrial locomotion II. Kinetic energy changes of the limbs and body as a function of speed and body size in birds and mammals. J. Experimental Biology 97:23 - 40.

Fedak, M. A. , Pinshow, B. , Schmidt - Nielsen, K. 1977. Energy cost of bipedal running. American J. Physiology 227:1038 - 1044.

Fenn, W. O. 1930a. Frictional and kinetic factors in the work of sprint running. American J. Physiology 92:583 - 611.

Fenn, W. O. 1930b. Work against gravity and work due to velocity changes in running. American J. Physiology 93.

Fitch, J. M. , Templet, J. , Corcoran, P. 1974. The dimensions of stairs. Scientific American 231.

Flowers, W. C. , Mann, R. W. 1977. An electrodydraulic knee - torque controller for a prosthesis simulator. J. Bioengineering 99.

Foley, C. D. , Quanbury A. , Steinke, T; 1979. Kinematics of normal child locomotion. J. Biomechanics 12:1 - 6.

Fomin, S. V. , Gurfinkel, V. S. , Feldman, A. G. , Shtilkind, T. I. 1976. Movements of the joints of human legs during walking. Biophysics 21:572 - 577.

Fomin, S. V. , Shtilkind, T. J. 1972. The concept of equilibrium of systems having legs. Biofizika 17: 131 - 134.

Frank, A. A. 1968. Automatic Control Systems for Legged Locomotion Machines. Ph. D Thesis, University of Southern California, Los Angeles, California.

Frank, A. A. 1970. An approach to the dynamic analysis and synthesis of biped locomotion machines. Medical and Biological Engineering 8:465 - 476.

Frank, A. A. 1971. On the stability of an algorithmic biped locomotion machine. J. Terramechanics 8: 41 - 50.

Frank, A. A. , McGhee, R. B. 1969. Some considerations relating to the design of autopilots for legged vehicles. J, Terramechanics 6:23 - 25.

Fu, C. C. , Paul, B. 1969. Dynamic stability of a vibrating hammer. J. Engineering for Industry^ November, 1175 - 1179.

Fu, C. C. , Paul, B. 1972. Dynamic characteristics of a vibrating plate compactor. J. Engineering for Industry, May, 629 - 636.

Gabrielli, G. , Von Karmen, T. H. 1950. What price speed? Mechanical Engineering 72:775 - 781.

Galiana, H. L. , Milsum, J. H. 1968. A mathematical model for the walking human leg. In Proceedings of 21st ACEMB Houston, Texas.

Gannett, W. R. 1967. The Peripod. U. S. Army Weapons Command, Rock Island, Illinois.

Garg, D. P. 1976. Vertical mode human body vibration transmissibility. IEEE Transaction Systems SMC - 6.

Goddard, R. E. , Jr. , Hemami, H. , Weimer, F. C. 1981. Biped side step in the frontal plane. ASME Winter Annual Meeting, 147 - 155.

Golliday, C. L. , Jr. , Hemami, H. 1976. Postural stability of the two degree - of - freedom biped by general linear feedback. IEEE Trans. Automatic Control AC - 21:74 - 79.

Golliday, C. L. , Jr. , Hemami, H. 1977. An approach to analyzing biped locomotion dynamics and designing robot locomotion controls. IEEE Trans. Automatic Control AC – 22:963 – 972.

Graham, D. 1979a. Effects of circum – oesophageal lesion on the behavior of the stick insect, Carausius morosus I. Cyclic behaviour patterns. Biological Cybernetics 32:139 – 145.

Graham, D. 1979. Effects of circum – oesophageal lesion on the behavior of the stick insect Carausius morosus II. Changes in walking co – ordination. Biological Cybernetics 32:147 – 152.

Gray, J. 1968. Animal Locomotion. New York: Norton.

Greene, P. R. , McMahon, T. A. 1979a. Running in circles. The Physiologist 22:S – 35, S – 36.

Greene, P. R. , McMahon, T. A. 1979b. Reflex stiffness of man's anti – gravity muscles during knee-bends while carrying extra weights. J. Biomechanics 12:881 – 891.

Grillner, S. 1972. The role of muscle stiffness in meeting the changing postural and locomotor requirements of force development by the ankle extensors. Acta Physiology (Scandanavia) 86:92 – 108.

Grillner, S. 1975. Locomotion in vertebrates: Central mechanisms and reflex interaction. Physiology Review 55:247 – 304.

Grillner, S. 1976. Some aspects on the descending control of the spinal circuits generating locomotor movements. In Neural Control of Locomotion, R. N. Herman, S. Grillner, P. S. Stein, D. G. Stuart (eds.). New York: Plenum Press.

Grillner, S. , Zangger, P. 1979. On the central generation of locomotion in the low spinal cat. Experimental Brain Research 34:241 – 261.

Grillner et al. 1985. Proceedings of Wenner – Gren Center International Symposium on Neurobiology of Vertebrate Locomotion. June, Stolckholm.

Grimes, D. L . 1979. An Active Multi – Mode Above Knee Prosthetic Controller. Ph. D Thesis, Massachusetts Institute of Technology.

Grimes, D. L. , Flowers, W. C. , Donath, M. 1977. Feasibility of an active control scheme for above – knee prostheses. J. Biomechanical Engineering 99K.

Grundman, J. , Seireg, A. 1976. Computer control of a multitask exoskeleton for paraplegics. In Second Symposium on Theory and Practice of Robots and Manipulators, A. Morecki, G. Bianchi, K. Kedzior (eds.). Amsterdam: Elsevier Scientific Publishing Co. ,241 – 248.

Gubina, F. , Hemami, H. , McGhee, R. B. 1974. On the dynamic stability of biped locomotion. IEEE Trans. Biomedical Engineering BME – 21:102 – 108.

Gurfinkel, E. V. 1973. Physical foundation of the stabilography. In Symposium International de Posturographic Smolenile.

Gurfinkel, V. S. , Shik, M. L. 1973. The control of posture and locomotion. In Motor Control, A. A. Gydikou, N. T. Tankou, D. S. Kosarov (eds.). New York: Plenum, 217 – 234.

Gurfinkei, V. S. , Gurfinkel, E. V. , Shneider, A. Yu. , Devjanin, E. A. , Lensky, A. V. , Shitilman, L. G. 1981. Walking robot with supervisory control. Mechanism and Machine Theory 16:31 – 36.

Halbertsma, J. M. , Miller, S. , van der Meche, F. G. A. 1976. Basic programs for the phasing of flexion and extension movements of the limbs during locomotion. In Neural Control of Locomotion^

R. N. Herman, S. Grillner, P. S. Stein, D. G. Stuart (eds.) - New York: Plenum Press, 489-518.

Hartrum, T. C. 1971. Biped Locomotion Models. The Ohio State University, Columbus, Ohio, Technical Report 272.

Hartrum, T. C. 1973. Computer Implementation of a Parametric Model for Biped Locomotion Kinematics. Ph. D Thesis, The Ohio State University, Columbus, Ohio.

Harvey, K. M. 1968. Investigation of a Hopping Transporter Concept for Lunar Exploration. Ph. D Thesis, Stanford University, Stanford, California.

Hatze, H. 1977. A complete set of control equations for the human musculoskeletal system. J. Biomechanics 10:799-805.

Heglund, N. C., Taylor, C. R., McMahon, T. A. 1974. Scaling stride frequency and gait to animal size: Mice to horses. Science 186:1112-1113.

Hemami, H. 1976. Reduced order models for biped locomotion. In Proceedings of 7th Pittsburgh Conference on Modeling and Simulation. Pittsburgh, Pennsylvania.

Hemami, H. 1980. A feedback on-off model of biped dynamics. IEEE Trans. Systems, Man, and Cybernetics SMC-10:376-383.

Hemami, H., Camana, P. C. 1976. Nonlinear feedback in simple locomotion systems. IEEE Trans. Automatic Control 21.

Hemami, H., Chen, B. 1984. Stability analysis and input design of a two-link planar biped. International J. Robotics Research 3:93-100.

Hemami, H., Cvetkovic, V. S. 1976. Postural stability of two biped models via Lyapunov second method. In Proceedings of the Joint Automatic Control Conference. West Lafayette, Indiana.

Hemami, H., Farnsworth, R. L. 1977. Postural and gait stability of a planar five link biped by simulation. IEEE Trans. Automatic Control AC-22:452-458.

Hemami, H., Golliday, C. L., Jr. 1977. The inverted pendulum and biped stability. Mathematical Biosciences 34:95-110.

Hemami, H., Katbab, A. 1982. Constrained inverted pendulum model for evaluating upright postural stability. J. Dynamic Systems, Measurement, and Control 104:343-349.

Hemami, H., Weimer, F. C. 1974. Further considerations of the inverted pendulum. In Proceedings of Fourth Iranian Conference on Electrical Engineering ˆ Pahlavi University, Shiraz, Iran, pp. 697-708.

Hemami, H., Weimer, F. C. 1981. Modeling of nonholonomic dynamic systems with applications. J. Applied Mechanics APM-12:1-6.

Hemami, H., Wyman, B. F. 1979. Modeling and control of constrained dynamic systems with application to biped locomotion in the frontal plane. IEEE Trans. Automatic Control AC-24:526-535.

Hemami, H., Zheng, Y. 1982. Initiation of walk and tiptoe of a planar nine-link biped. Mathematical Biosciences 61:163-189.

Hemami, H., Robinson, D. J., Ceranowicz, A. Z. 1980. Stability of planar biped models by simultaneous pole assignment and decoupling. International J. Systems Science 11:65-75.

Hemami, H., Wall, C., Ill, Black, F. O. 1979. Single inverted pendulum biped experiments. J. Interdisciplinary Modeling and Simulation 2:211-227.

Hemami, H., Weimer, F. C., Koozekanani, S. H. 1973. Some aspects of the inverted pendulum problem for modeling of locomotion systems. IEEE Trans. Automatic Control AC-18:658-661.

Hemami, H., Hines, M. J., Goddard, R. E., Friedman, B. 1982. Biped sway in the frontal plane with locked knees. IEEE Trans. Systems, Man, and Cybernetics SMC-2:577-582.

Hemami, H., Weimer, F. C., Robinson, C. S., Stockwell, C. W., Cvetkovic, V. S. 1977. Analysis of some derived models of otoliths and semicircular canals. In Proceedings of Joint Automatic Control Conference.

Hemami, H., Weimer, F. C., Robinson, C. S., Stockwell, C. W., Cvetkovic, V. S. 1978. Biped stability considerations with vestibular models. IEEE Trans. Automatic Control AC-23:1074-1079.

Herman, B., Cook, T., Cozzens, B., Freeman, W. 1973. Control of postural reaction in man: The initiation of gait. In Control of Posture and Locomotion, R. B. Stein, K. G. Pearson, R. S. Smith, J. B. Redford (eds.). New York: Plenum Press, 353-388.

Herman, R. N., Grillner, S., Stein, P. S., Stuart, D. G. (eds.). 1976. Neural Control of Locomotion. New York: Plenum Press.

Hicks, J. H. 1961. The three weight bearing mechanisms of the foot. In Biomechanical Studies of the Musculo-Skeleton System, F. G. Evans, C. C. Thomas (eds.). Springfield: C. C. Thomas.

Higdon, D. T., 1963. Automatic control of inherently unstable systems with bounded control inputs. Ph. D Thesis, Stanford University, Stanford, California.

Higdon, D. T., Cannon, R. H., Jr. 1963. On the control of unstable multipleoutput mechanical systems. In A SME Winter Annual Meeting.

Hildebrand, M. 1959. Motion of the running cheetah and horse. J. Mammalogy 40:481-495.

Hildebrand, M. 1960. How animals run. Scientific American 148-157.

Hildebrand, M. 1961. Further studies on locomotion of the cheetah. J. Mammalogy 42:84-91.

Hildebrand, M. 1965. Symmetrical gaits of horses. Science 150:701-708.

Hildebrand, M. 1966. Analysis of the symmetrical gaits of tetrapods. Folia Biotheoretica 4:9-22.

Hildebrand, M. 1967. Symmetrical gaits of primates. J. Anthropology 26:119-130.

Hildebrand, M. 1968. Symmetrical gaits of dogs in relation to body build. J. Morphology 124:353-359.

Hildebrand, M. 1976. Analysis of tetrapod gaits: General considerations and symmetrical gaits. In Neural Control of Locomotion^ R. N. Herman, S. Grillner, P. S. Stein, D. G. Stuart (eds.). New York: Plenum Press, 203-236.

Hildebrand, M. 1977. Analysis of asymmetrical gaits. J. Mammalogy 58:131-156.

Hildebrand, M. 1980. The adaptive significance of tetrapod gait selection. Amer. Zool. 20:255-267.

Hildebrand, M. 1985. Private communication.

Hildreth, E. C., Hollerbach, J. M. 1985. The computational approach to vision and motor control. In Handbook of Physiology^ F. Plum (ed.). American Physiological Society.

Hill, J. C. 1969. A model of the human postural control system. In Proceedings of 8th IEEE Symposium on Adaptive Processes; Decision and Control.

Hirose, S. 1984. A study of design and control of a quadruped walking vehicle. International J. Robotics Research 3:113 – 133.

Hirose, S., Umetani, Y. 1980. The basic motion regulation system for a quadruped walking vehicle. A SME Conference on Mechanisms.

Hirose, S., Umetani, Y. 1981. A Cartesian Coordinates Manipulator with Articulated Structure. Tokyo Institute of Technology.

Hi rose, S., Nose, M., Kikuchi, H., Umetani, Y. 1984. Adaptive gait control of a quadruped walking vehicle. International J. Robotics Research 1:253 – 277.

Hirose, S., Masui, T., Kikuchi, H., Fukuda, Y., Umetani, Y. 1985. Titan III: A quadruped walking vehicle. In Second International Symposium on Robotics Research^ Tokyo Institute of Technology, Japan.

Hodgins, J. 1985. Control of Foot Placement, In Dynamically Stable Legged Locomotion – Fourth Annual Report, CMU – LL – 4T985, Raibert et al., Carnegie – Mellon University.

Hodgins, J., Koechling, J., Raibert, M. H. 1985. Running experiments with a planar biped. Third International Symposium on Robotics Research, Cambridge: MIT Press.

Hoffer, J. A., O^Donovan, M. J., Pratt, C. A., Loeb, G. E. 1981. Discharge patterns of hindlimb motoneurons during normal cat locomotion. Science 213:466 – 468.

Hollerbach, J. M. 1980. A recursive formulation of lagrangian manipulator dynamics. IEEE Trans. Systems, Man, and Cybernetics 10:730 – 736.

Horn, B. K. P., Raibert, M. H. 1977. Configuration space control. MIT Artificial Intelligence Laboratory Memo no. 458.

Howell, R. 1944. Speed in Animals. Chicago: University of Chicago Press.

Hoyt, D. F., Taylor, C. R. 1981. Gait and the energetics of locomotion in horses. Nature 292: 239 – 240.

Hristic, D., Vukobratovic, M. 1971. A new approach to the rehabilitation of paraplegic persons. Automatika 1.

Hughes, G. M. 1952. The coordination of insect movements. J. Experimental Biology 29:267 – 285.

Ikeda, K., et al. 1973. Finite state control of qudruped walking vehicle— Control by hydraulic digital actuator (in Japanese). Biomechanism 2:164 – 172.

Jaswa, V. C. 1975. Dynamic Stability and Control of a Three Link Model of a Human Being. MS Thesis, Ohio State University, Columbus, Ohio.

Jaswa, V. C. 1978. An Experimental Study of Real – time Computer Control of a Hexapod Vehicle. Ph. D Thesis, Ohio State University, Columbus, Ohio.

Jayes, A. S., Alexander, R. McN. 1980. The gaits of chelonians: Walking techniques for very low speeds. J. Zoology (London) 191:353 – 378.

Jones, F. W. 1949. Structure and Function as Seen in the Foot. London: Bailliere, Tindall and Cox, second edition.

Jones, R. L. 1941. The human foot—An experimental study of its mechanics and the role of its muscle and ligaments in the support of the arch. American J. Anatomy 68:1 – 39.

Juricic, D. , Vukobratovic, M. 1972. Mathematical modeling of bipedal walking system, AS ME Publication 72 – WA BHF – 13.

Kaneko, M. , Abe, M. , Tachi, S. , Nishizawa, S. , Tanie, K. , Komoriya, K. 1985. Legged locomotion machine based on the consideration of degrees of freedom. In Fifth Symposium on Theory and Practice of Robots and Manipulators. A. Morecki, G. Bianchi, K. Kedzior (eds.). Cambridge: MIT Press, 403 – 410.

Kamon, E. 1971. Electromyographic kinesiology of jumping. Archives of Physical Medicine and Rehabilitation 52:152 – 157.

Kato, I. , Tsuiki, H. 1972. The hydraulically powered biped walking machine with a high carrying capacity. In IV Symposium on External Control of Human Extremities^ Yugoslav Committee for Electronics and Automation, Dubrovnik, Yugoslavia.

Kato, L, Matsushita, S. , Kato, K. 1969. A model of human posture control system. In Advances in External Control of Human Extremities^ M. M. Gavrilovic, A, B. Wilson Jr. (eds.). Belgrade: Yugoslav Committee for Electronics and Automation, 443 – 464.

Kato, T. , Takanishi, A. , Jishikawa, H. , Kato, L 1983. The realization of the quasi – dynamic walking by the biped walking machine. In Fourth Symposium on Theory and Practice of Robots and Manipulators^ A. Morecki, G. Bianchi, K. Kedzior (eds.) . Warsaw: Polish Scientific Publishers. 341 – 351.

Katoh, R. , Mori, M. 1984. Control method of biped locomotion giving asymptotic stability of trajectory. Automatica 20:405 – 515.

Keith, A. 1929. The history of the human foot and its bearing on orthopedic practice. J. Bone and Joint Surgery 11:10 – 32.

Keller, J. B. 1973. A theory of competative running. Physics Today 26:42 – 47.

Khadelwal, B. M. , Frank, A. A. 1974. On the dynamics of an elastically coupled multi – body biped locomotion model. In Proceedings of Joint Automatic Control Conference^ Austin, Texas.

Khosravi – Sichani, B. 1985. Control of Multi – Linkage Planar Systems in the Air and on the Ground. PhD Thesis, The Ohio State University, Columbus, Ohio.

Kinch, E. A. 1928. Vehicle Propelling Device. Patent Number 1,669,906.

Klein, C. A. , Briggs, R. L. 1980. Use of active compliance in the control of legged vehicles. IEEE Trans. Systems; Man, and Cybernetics SMC – 10:393 – 400.

Kljajic, M. , Trnkoczy, A. 1978. A study of adaptive control principle orthoses for lower extremities. IEEE Trans. Systems, Mans, and Cybernetics SMC · 8:313 – 321.

Koozekanani, S. H. , McGhee, R. B. 1973. Occupancy problems with pair – wise exclusion constraints—an aspect of gait enumeration. J. Cybernetics2:14 – 26.

Kuee, B. 1975. Movement of two legged system of pendulum type. ISV. AN SSR, Mekhanika Tverdogo

Tela 2:58 – 61.

Kugushev, E. L, Jaroshevskij, V. S. Problems of Selecting a Gait for an Integrated Locomotion Robot. Institute of Applied Mathematics, USSR Academy of Sciences, Moscow.

Larin, V. B. 1976. Stabilization of biped walking apparatus. Izv. AN SSSR, Mekhanika Tverdogo Tela 11:4 – 13.

Larin, V. B. 1979. Control of a jumping robot I. Choice of programmed trajectory. Izv. AN SSSR. Mekhanika Tverdoga Tela 14:27 – 32.

Lee, D. N. 1974. Visual information during locomotion. In Perception: Essays in Honor of James J. Gibson, MacLeod and Pick (eds.), Ithaca, NY: Cornell University Press.

Lee, D. N., Lishman, J. R., Thomson, J. A. 1982. Regulation of gait in long jumping. J. Experimental Psychology 3:448 – 459.

Lisin, V. V., Frankstein, S. I., Rechtmann, M. B. 1973. The influence of locomotion on flexor reflex of the hind limb in cat and man. Experimental Neurology 38:180 – 183.

Liston, R. A. 1965. Walking machine. In Proceedings Annual Meeting of the American Society of Agricultural Engineers. St. Joseph, MI: American Society of Agricultural Engineers.

Liston, R. A. 1970. Increasing vehicle agility by legs: The quadruped transporter. Presented at 38th National Meeting of the Operations Research Society of America.

Liston, R. A., Mosher, R. S. 1968. A versatile walking truck. In Proceedings of the Transportation Engineering Conference. Institution of Civil Engineers, London.

Lloyd, B. B. 1966. The energetics of running: An analysis of world records. Advancement of Science 22:515 – 530.

Loeb, G. E. 1981. Somatosensory unit input to the spinal cord during normal walking. Canadian J. Physiology and Pharmacology 59:627 – 635.

Lucas, E. 1894. Huitieme recreation—la machine a marcher. Recreations Mathematiques 4:198 – 204.

Mackerle, J. 1968. Walking riders. T – 68 12:776 – 777.

Mann, M. 1960. Tanks that walk and jump. Popular Science July, 51 – 54, 216.

Manter, J. 1938. Dynamics of quadrupedal walking. J. Experimental Biology 15:522 – 539.

Marey, E. J. 1874. Animal Mechanism: A Treatise on Terresrial and Aerial Locomotion. New York: Appleton.

Margaria, R. 1976. Biomechanics and Energetics of Muscular Exercise. Oxford: Oxford University Press.

Marr, D. 1976. Artificial intelligence – A personal view. MIT Artificial Intelligence Laboratory Memo 355.

Matsuoka, K. 1976. Study on robot legs. Bulletin of Mechanical Engineering Department 11:65 – 69.

Matsuoka, K. 1979. A model of repetitive hopping movements in man. In Proceedings of Fifth World Congress on Theory of Machines and Mechanisms. International Federation for Information Processing.

Matsuoka, K. 1980. A mechanical model of repetitive hopping movements. Biomechanisms 5:251 – 258.

McGhee, R. B. 1967. Finite state control of quadruped locomotion. Simulation 5:135 – 140.

McGhee, R. B. 1968. Some finite state aspects of legged locomotion. Mathematical Biosciences 2:67 – 84.

McGhee, R. B. 1970. A mathematical theory for legged locomotion systems. In Proceedings of the 1970 Midwest Symposium on Circuit Theory.

McGhee, R. B. 1977. Control of legged locomotion systems. Proceedings of Joint Automatic Control Conference, San Francisco, 205 – 215.

McGhee, R. B. 1980. Robot locomotion with active terrain accommodation. In Proceedings of National Science Foundation Robotics Research Workshop^ University of Rhode Island.

McGhee, R. B. 1983. Vehicular legged locomotion. In Advances in Automation and Robotics ^ G. N. Saridis (ed.). JAI Press.

McGhee, R. B., Buckett, J. R. 1977. Hexapod. Interface Age 2:29 – 54.

McGhee, R. B., Frank, A. A. 1968. On the stability properties of quadruped creeping gaits. Mathematical Biosciences 3:331 – 351.

McGhee, R. B., Iswandhi, G. I. 1979. Adaptive locomotion of a multilegged robot over rough terrain. IEEE Trans. Systems, Man, and Cybernetics SMC – 9:176 – 182.

McGhee, R. B., Jain, A. K. 1972. Some properties of regularly realizable gait matricies. Mathematical Biosciences 13:179 – 193.

McGhee, R. B., Kuhner, M. B. 1969. On the dynamic stability of legged locomotion systems. In Advances in External Control of Human Extremities, M. M. Gavrilovic, A. B. Wilson, Jr. (eds.). Jugoslav Committee for Electronics and Automation, Belgrade, 431 – 442.

McGhee, R. B., Orin, D. E. 1973. An interactive computer – control system for a quadruped robot. In Symposium on Theory and Practice of Robots and Manipulators ^ A. Morecki, G. Bianchi, K. Kedzior (eds.). Amsterdam: Elsevier Scientific Publishing Co.

McGhee, R. B., Pai, A. L. 1972. An approach to computer control for legged vehicles. J. Terramechanics 11:9 – 27.

McGhee, R. B., Sun, S. S. 1974. On the problem of selecting a gait for a legged vehicle. In Proceedings of the Sixth I FAC Symposium on Automatic Control in Space. Erevan USSR: International Program Committee, Tsakhkadzor, Armenian SSR, USSR.

McKenney, J. D. 1961. Investigation for a walking device for high efficiency lunar locomotion. In Proceedings of American Rocket Society Annual Meeting^ Philadelphia.

McMahon, T. A. 1975. Using body size to understand the structural design of animals: Quadrupedal locomotion. J. Applied Physiology 39:619 – 627.

McMahon, T. A. 1976. Allometry. In Yearbook of Science and Technology. New York: McGraw – Hill, 49 – 57.

McMahon, T. A. 1979. Gravitational scale effects. The Physiologist 22:S – 5 – S – 6.

McMahon, T. A. 1980. Scaling physiological time. American Mathematical Society 13:131 – 163.

McMahon, T. A. 1984a. Muscles, Reflexes, and Locomotion. Princeton: Princeton University Press.

McMahon, T. A. 1984b. Mechanics of locomotion. International J. Robotics Research 3:4 – 28.

McMahon, T. A. 1985. Personal communication.

McMahon, T. A. , Greene, P. R. 1978. Fast running tracks. Scientific American 239:148 – 163.

McMahon, T. A. , Greene, P. R. 1979. The influence of track compliance on running. J, Biomechanics 12:893 – 904.

Melvill – Jones, G. and Watt, D. O. D. 1971a. Observations on the control of stepping and hopping movements in man. J. Physiology 219:709 – 727.

Melvill – Jones, G. and Watt, D. O. D. 1971b. Muscular control of landing from unexpected falls in man. J, Physiology 219:729 – 737.

Mihajlov, D. , Chang, C. W. , Bekey, G. A. , Perry, J. 1977. Computer graphics in the study of normal and pathological human gait. Medinfo 77:561 – 564.

Miller, D. L, Nelson, R. C. 1973. Biomechanics of Sport. Philadelphia: Lea and Febiger.

Miller, S. , van der Meche, F. G. A. 1976. Coordinated stepping of ail four limbs in the high spinal cat. Brain Research 109:395 – 398.

Miller, S. , Ruit, J. B. , van der Meche, F. G. A. 1977. Reversal of sign of long spinal reflexes dependent on the phase of the step cycle in the high decerebrate cat. Brain Research 128:447 – 459.

Miller, S. , van der Burg, J. , van der Meche, F. G. A. 1975a. Coordination of movements of the handlimbs and forelimbs in different forms of locomotion in normal and decerebrate cats. Brain Research 91:217 – 237.

Miller, S. , van der Burg, J. , van der Meche, F. G. A. 1975b. Coordination of movements of the hindlimbs and forelimbs in different forms of locomotion in normal and decerebrate cats. Brain Research 91:217 – 237.

Miller, S. , van der Burg, J. 5 van der Meche, F. G. A. 1975c. Locomotion in the cat: basic programmes of movement. Brain Research 91:239 – 253.

Miura, H. , Shimoyama, I. 1980. Computer control of an unstable mechanism (in Japanese). J. Fac. Eng. 17:12 – 13.

Miura, H. , Shimoyama, I. 1984. Dynamic walk of a biped. International J. Robotics Research 3:60 – 74.

Miura, H. , Shimoyama, L, Mitsuishi, M. , Kimura, H. 1985. Dynamical walk of quadruped robot (Collie – 1). In Second International Symposium on Robotics Research^ H. Hanafusa, H. Inoue (eds.). Cambridge: MIT Press, 317 – 324.

Miyazaki, F. , Arimoto, A. 1984 A design method of control for biped walking machine. In Fourth Symposium on Theory and Practice of Robots and Manipulators ^ A. Morecki, G. Bianchi, K. Kedzior (eds.). Warsaw: Polish Scientific Publishers. 317 – 327.

Miyazaki, Fumio. 1980. A control theoretic study and dynamic linked locomotion. J. Dynamic Systems of Measurements and Control 102:233 – 239.

Mocci, U., Petternella, M., Salinari, S. 1972. Experiments with Six – legged Walking Machines with Fixed Gaity Institute of Automation Report 2 – 12. University of Rome.

Mochon, S. 1981. A mathematical model of human walking. Lectures on Mathematics in the Life Sciences 14:193 – 213.

Mochon, S., McMahon, T. A. 1980. Ballistic walking. J. Biomechanics 13:49 – 57.

Mochon, S., McMahon, T. A. 1981. Ballistic walking: An improved model. Mathematical Biosciences 52:241 – 260.

Morrison, J. B. 1970. The mechanics of muscle function in locomotion. J. Biomechanics 3:431 – 461.

Morrison, R. A. 1968. Iron mule train. In Proceedings of Off – Road Mobility Research Symposium. International Society for Terrain Vehicle Systems, Washington, 381 – 400.

Morton, D. J. 1935. The Human Foot. New York: Columbia University Press.

Morton, D. J. 1952. Human Locomotion and Body Form. Baltimore:
Williams and Wilkins.

Mosher, R. S. 1965. Design and Fabrication of a Full – scale, Limited Motion Pedipulator, General Electric report.

Mosher, R. S. 1968. Test and evaluation of a versatile walking truck. In Proceedings of Off – Road Mobility Research Symposium^ International Society for Terrain Vehicle Systems, Washington, 359—379.

Murphy, K. N. 1984. Trotting and Bounding in a Simple Planar Model. MS Thesis, Carnegie – Mellon University, Pittsburgh, Pennsylvania.

Murphy, K. N., Raibert, M. H. 1985. Trotting and bounding in a planar two – legged model. In Fifth Symposium on Theory and Practice of Robots and Manipulators ^ A. Morecki, G. Bianchi, K. Kedzior (eds.) – Cambridge: MIT Press, 411 – 420.

Murray, M. P. 1967. Gait as a total pattern of movement. American J. Physical Medicine 46:290 – 333.

Murray, M. P., Drought, A. B., Kovry, R. C. 1964. Walking patterns of normal men. J. Bone and Joint Surgery 46 – A:335 – 360.

Murray, M. P., Seirig, A., Scholz, R. C. 1967. Center of gravity, center of pressure and supportive forces during human activities. J. Applied Physiology 23:831 – 838.

Murthy, S. S. 1983. Path control. In Dynamically Stable Legged Locomotion – Third Annual Report, Raibert et al. Robotics Institute, Carnegie – Mellon University, CMU – RI – TR – 83 – 20, pp.

Murthy, S. S., Raibert, M. H. 1983. 3D balance in legged locomotion: modeling and simulation for the one – legged case. In Inter – Disciplinary Workshop on Motion: Representation and Perception^ACM.

Muybridge, E. 1955. The Human Figure in Motion. New York: Dover Publications. First edition, 1901 by Chapman and Hall, Ltd., London.

Muybridge, E. 1957. Animals in Motion. New York: Dover Publications, First edition, 1899 by Chapman and Hall, Ltd., London.

Nakano, E. , et al. 1982. Methodology of energy saving for autonomous mobile robots (in Japanese) . Biomechanism 6:223 - 231.

Napier, J. 1967. The antiquity of human walking. Scientific American 216:56 - 66.

Narinyani, A. S. , Patkin, V. P. , Kim, P. A. Walking Robot: A Non - deterministic Model of Control. Computing Center, USSR Acadamy of Sciences, Siberian Branch, Novosibirsk.

Nashner, L. M. 1971. A model describing vestibular detection of body sway motion. Acta Otolaryng. 72:429 - 436.

Nashner, L. M. 1973. Vestibular and reflex control of normal standing. In Control of Posture and Locomotion^ R. B. Stein, K. G. Pearson, R. S. Smith, J. B. Redford (eds.). New York:Plenum Press, 291 - 308.

Nashner, L. M. 1976. Adapting reflexes controlling the human posture. Experimental Brain Research 26:59 - 72.

Nashner, L. M, 1977. Fixed patterns of rapid postural responses among leg muscles during stance. Experimental Brain Research 30:13 - 24.

Nashner, L. M. 1978. Visual contribution to rapid motor responses during postural control. Brain Research 150:403 - 407.

Nashner, L. M. 1980. Balance adjustments of humans perturbed while walking. J. Neurophysiology 44:650 - 664.

Nashner, L. M. , Woollacott, M. , Tuma, G. 1979. Organization of rapid responses to postural and locomotor - like perturbations of standing man. Experimental Brain Research 36:463 - 476.

Nilson, F. A. 1926. Supporting and Propelling Mechanism for Motor Vehicles. Patent Number 1,574, 679.

Norgren, K. S. , Seelhorst, E. , Wetzel, M. C. , 1977. Kinematics of treadmill galloping by cats I. Steady - state coordination under aversive control. Behavial Biology 21:66 - 88.

Ogo, K. , Ganse, A. , Kato, I. 1980. Dynamic walking of biped walking machine aiming at completion of steady walking. In Third Symposium on Theory and Practice of Robots and Manipulators, A. Morecki, G. Bianchi, K. Kedzior (eds.). Amsterdam:Elsevier Scientific Publishing Co.

Okhotsimskii, D. E. , Platonov, A. K. 1973. Control algorithm of the walker climbing over obstacles. In International Joint Conference on Artificial Intelligence^ Stanford, California.

Okhotsimskii, D. E. , Gurfinkel, V. S. , Devyanin, E. A. , Platonov, A. K. 1977. Integrated walking robot development. In Conference on Cybernetic Models of the Human Neuromuscular System. Engineering Foundation.

Okhotsimskii, D. E. , Platonov, A. K. , et al. 1973. Control algorithms of legged vehicle capable of mastering obstacles. In Proceedings of 5th I FAC Symposium on Automatic Control in Space^ Geneva.

O'Leary, D. P. , Ravasio, M. J. 1984. Simulation of vestibular semicircular canal afferent responses during righting movements of a freely falling cat. Biological Cybernetics 50:1 - 7.

Ooka, A. , Ogi, K. , Wada, Y. , Kida, Y. , Takemoto, A. , Okamoto, K. , Yoshida, K. 1985. Intelligent robot system II. In Second International Symposium on Robotics Research, H. Hanafusa, H. Inoue (eds.). Cambridge: MIT Press, 341 – 347.

Orin, D. E. 1976. Interactive Control of a Six – legged Vehicle with Optimization of Both Stability and Energy. Ph. D Thesis, The Ohio State University, Columbus, Ohio.

Orin, D. E. 1981a. Supervisory Control of a Multilegged Robot. Electrical Engineering Department Report 23, Ohio State University.

Orin, D. E. 1981. Three – axis joystick control of a hexapod vehicle over constant – slope terrain, Digital Systems Lab, Report 23, Ohio State University.

Orin, D. E., McGhee, R. B., Vukobratovic, M. 1979. Kinematic and kinetic analysis of open – chain linkages utilizing Newton – Euler methods. Mathematical Biosciences 43: 107 – 130.

Ozguner, F., Tsai, S. J., McGhee, R. B. 1984. An approach to the use of terrain – preview information in rough – terrain locomotion by a hexapod walking machine. International J. Robotics Research 3: 134 – 146.

Pai, A. L. 1971. Stability and Control of Legged Locomotion Systems. Ph. D Thesis, The Ohio State University, Columbus, Ohio.

Park, W. T. 1972. Control of Multilegged Vehicles. Ph. D Thesis, University of Pennsylvania, Philadelphia, Pennsylvania.

Pasternack, S., Jr. 1971. Attitude Control of Hopping Vehicles. Ph. D Thesis, Stanford University, Stanford, California.

Pearson, K. 1976. The control of walking. Scientific American 72 – 86.

Pearson, K. G., Franklin, R. 1984. Characteristics of leg movements and patterns of coordination in locusts walking on rough terrain. International J. Robotics Research 3: 101 – 112.

Pedley, T. J, 1977. Scale Effects in Animal Locomotion. London: Academic Press.

Pedotti, A. 1977. A study of motor coordination and neuromuscular activities in human locomotion. Biological Cybernetics 26: 53 – 62.

Pedotti, A., et al. 1978. Optimization of muscle – force sequencing in human locomotion. Mathematical Bioscience 28: 57 – 76.

Pennycuickj C. J. 1975. On the running of the gnu (Connochaetes taurinus) and other animals. J. Experimental Biology 63: 775 – 799.

Petternella, M., Salinari, S. 1974. Six Legged Walking Vehicles. University of Rome, Report 74 – 31.

Phillips, W. G., Wait, J. V., Wetzel, M. C. 1977. Motor – driven treadmill for studying locomotion in cats. American J. Physical Medicine 56: 12 – 20.

Philippson, M. 1905. L' autonomie et la centralisation dans le system des animaux. Trav. Lab. Physiol. Inst. Solvay (Bruxelles) 7: 1 – 208.

Plagenhoef, S. 1971. Patterns of Human Locomotion: A Cinematographic Analysis. Englewood Cliffs, NJ: Prentice Hall.

Pugh, L. G. C. E. 1971. The influence of wind resistance in running and walking and the mechanical efficiency of work against horizontal or vertical forces. J. Physiology 213: 255 – 276.

Raibert, M. H. 1977. Analytical equations vs. table look-up for manipulation: A unifying concept. In Proceedings of Conference on Decision and Control^ IEEE, New Orleans, 576-579.

Raibert, M. H. 1978. A model for sensorimotor control and learning. Biological Cybernetics 29: 29-36.

Raibert, M. H. 1981. Dynamic stability and resonance in a one-legged hopping machine. In Fourth Symposium on Theory and Practice of Robots and Manipulators ^ A. Morecki, G. Bianchi, K. Kedzior (eds.). Warsaw: Polish Scientific Publishers. 352-367.

Raibert, M. H. 1984a. Hopping in legged systems—Modeling and simulation for the 2D one-legged case. IEEE Trans. Systems, Man, and Cybernetics 14: 451-463.

Raibert, M. H. (ed.). 1984b. Special Issue on Legged Systems. International J. Robotics Research 3: 75-92.

Raibert, M. H. 1985. Four-legged running with one-legged algorithms. In Second International Symposium on Robotics Research ^ H. Hanafusa, H. Inoue (eds.). Cambridge: MIT Press; 311-315.

Raibert, M. H., Brown, H. B., Jr. 1984. Experiments in balance with a 2D one-legged hopping machine. A SME J. Dynamic Systems, Measurement, and Control 106: 75-81.

Raibert, M. H., Horn, B. K. P. 1978. Manipulator control using the configuration space method. The Industrial Robot 5: 69-73.

Raibert, M. H., Sutherland, I. E. 1983. Machines that walk. Scientific American 248: 44-53.

Raibert, M. H., Wimberly, F. C. 1984. Tabular control of balance in a dynamic legged system. IEEE Trans. Systems, Man, and Cybernetics 14: 334-339.

Raibert, M. H., Brown, H. B., Jr., Chepponis, M. 1984. Experiments in balance with a 3D one-legged hopping machine. International J. Robotics Research 3: 75-92.

Raibert, M. H., Brown, H. B., Jr., Murthy, S. S. 1984. 3D balance using 2D algorithms? In First International Symposium of Robotics Research^ M. Brady, R. P. Paul (eds.) - Cambridge: MIT Press, 279-301.

Raibert, M. H., Brown, H. B., Jr., Chepponis, M., Hastings, E., Murthy, S. S., Wimberly, F. C. 1983. Dynamically Stable Legged Locomotion. CMU-RI-TR-83-1, Robotics Institute, Carnegie-Mellon University.

Raibert, M. H., Brown, H. B., Jr., Chepponis, M., Hastings, E., Shreve, S. T., Wimberly, F. C. 1981. Dynamically Stable Legged Locomotion. CMU-RI-81-9, Robotics Institute, Carnegie-Mellon University.

Raibert, M. H., Brown, H. Chepponis, M., Hastings, E., Koech-ling, J., Murphy, K. N., Murthy, S. S., Stentz, A. 1983. Dynamically Stable Legged Locomotion— Third Annual Report. CMU-RI-TR-83-20, Robotics Institute, Carnegie-Mellon University.

Raibert, M. H., Brown, H. B., Jr., Chepponis, M., Hodgins, J., Koechling, J., Miller, J., Murphy, K. N., Murthy, S. S., Stentz, A. J. 1985. Dynamically Stable Legged Locomotion—Fourth Annual Report. CMU-LL-4-1985, Carnegie-Mellon University.

Ralston, H. J. 1958. Energy – speed relation and optimal speed during level walking. Internationale Zeitschrift fur Angewante Physiologie Ein – schliesslich Arbeits Physiologie 17:277 – 283.

Ralston, H. J. 1976. Energetics of human walking. In Neural Control of Locomotion, R. N. Herman, S. Grillner, P. S. Stein, D. G. Stuart (eds.). New York: Plenum Press, 77 – 98.

Ramey, M. R. 1970. Force relationship of the running long jump. Medicine and Science in Sports 2: 146 – 151.

Roberge, J. K. 1960. The Mechanical Seal. S. B. Thesis, Massachusets Institute of Technology, Cambridge, Mass.

Roberts, W. M., Levine, W. S., Zajac, F. E., III. 1979. Propelling a torque controlled baton to a maximum height. IEEE Trans. Automatic Control AC – 24:779 – 782.

Russell, M., Jr. 1983. Odex I: The first functionoid. Robotics Age 5:12 – 18. Rygg, L. A. 1893. Mechanical Horse. Patent Number 491,927.

Saund, E. 1982a. The physics of one – legged mobile robots I. A general discussion. Robotics Agey Sept. /Oct., 38 – 45.

SaundT E. 1982b. The physics of one – legged mobile robots IL The mathematical description. Robotics Age, Nov. /Dec., 35 – 37, 53.

Saunders, J. B., Imma, V. T., Eberhart, H. D. 1953. The major determinants in normal and pathological gait. The J. Bone and Joint Surgery 35 – A:543 – 558.

Schaefer, J. F. 1965. On the Bounded Control of Some Unstable Mechanical Systems. Ph. D Thesis, Stanford University, Stanford, California.

Schaefer, J. F., Cannon, R. H., Jr. 1966. On the control of unstable mechanical systems. International Federation of Automatic Control. London, 6c. l – 6c. 13.

Schneider, A. Yu., Gurfinkel, E. V., Kanaev, E. M., Ostapchuk, V. G. 1974. A System for Controlling the Extremities of an Artificial Walking Apparatus. Physio – Technical Institute, Report 5.

Seifert, H. S. 1967. The lunar pogo stick. J. Spacecraft and Rockets 4:941 – 943.

Seifert, H. S. 1968. Small Scale Lunar Surface Personnel Transporter Employing the Hopping Mode. Stanford University Dept. Aeronautics and Astronautics, Report 359.

Seifert, H. S. 1969. Small Scale Lunar Surface Personnel Transporter Employing the Hopping Mode. Stanford University Dept. Aeronautics and Astronautics, Report 377.

Seifert, H. S. 1970. Small Scale Lunar Surface Personnel Transporter Employing the Hopping Mode. Stanford University Dept. Aeronautics and Astronautics, Report 397.

Seireg, A., Arvikar, R. J. 1973. A mathematical model for the evaluation of forces in lower extremities of the musculo – skeletal system. J. Biomechanics 6:313 – 326.

Severin, F. V., Orlovskii, G. N., Shik, M. L. 1967. Work of the muscle receptors during controlled locomotion. Biophysics 12:575 – 586.

Shannon, B. 1985. Personal communication.

Shigley, R. 1957. The Mechanics of Walking Vehicles. Land Locomotion Laboratory, Report 7, Detroit, Michigan.

Shigley, R. 1960. The Mechanics of Walking Vehicles. Land Locomotion Laboratory, Report 71, Detroit, Michigan.

Shik, M. L., Orlovskii, G. N. 1965. Coordination of the Limbs During Running of the Dog. Institute of Biological Physics, Academy of Sciences, Moscow, U. S. S. R.

Shik, M. L., Orlovsky, G. N., Severin, F. V. 1968. Locomotion of the mesencephalic cat elicited by stimulation of the pyramids. Biofizika 13:127 – 135.

Silver, W. M. 1981. On the equivalence of Lagrangian and Newton – Euler dynamics for manipulators. In Proceedings of Joint Automatic Control Conference.

Simons, J., Van Brussel, H., De Schutter, J., Verhaert, J. 1982. A self – learning automaton with variable resolution for high precision assembly by industrial robots. IEEE Trans. Automatic Control AC – 27:1109 – 1112.

Sindall, J. N. 1964. The wave mode of walking locomotion. J. Terramechanics 1:54 – 73.

Sitek, G. 1976. Big Muskie. Heavy Duty Equipment Maintenance 4:16 – 23.

Snell, E. 1947. Reciprocating Load Carrier, Patent Number 2,430,537.

Speckert, G. 1976. A computerized look at cat locomotion or one way to scan a cat. MIT Artificial Intelligence Laboratory Memo, 374.

Stein, J. L. 1983. Design Issues in the Stance Phase Control of Above – Knee Prostheses. Ph. D Thesis, Massachusetts Institute of Technology, Cambridge, Mass.

Steindler, A. 1935. Mechanics of Normal and Pathological Locomotion. Springfield: Charles C. Thomas.

Stentz, A. 1983, Behavior during stance. In Dynamically Stable Legged Locomotion—Third Annual Report, M. H. Raibert et al. Robotics Institute, Carnegie – Mellon University, CMU – RI – TR – 83 – 20, pp. 106 – 110.

Stewart, G. W. 1973. Introduction to Matrix Computations. New York: Academic Press.

Stuart, D. G., Withey, T. P., Wetzel, M. C., Goslow, G. E., Jr. 1973. Time constraints for inter – limb coordination in the cat during unrestrained locomotion. In Control of Posture and Locomotion, R. B. Stein, K. G. Pearson, R. S. Smith, J. B. Redford (eds.). New York: Plenum Press, 537 – 560.

Sun, S. S. 1974. A Theoretical Study of Gaits for Legged Locomotion Systems. Ph. D Thesis, The Ohio State University, Columbus, Ohio.

Sutherland, I. E. 1983. A Walking Robot. Pittsburgh: The Marcian Chronicles, Inc.

Sutherland, I. E., Ullner, M. K. 1984. Footprints in the asphalt. International J. Robotics Research 3: 29 – 36.

Takanishi, A., Naito, G., Ishida, M., Kato, I. 1985, Realization of plane walking by a biped walking robot WL – 10R. In Fifth Symposium on Theory and Practice of Robots and Manipulators, A. Morecki, G. Bianchi, K. Kedzior (eds.). Cambridge: MIT Press, 383 – 394.

Taylor, C. R., Rowntree, V. J. 1973. Running on two or four legs: Which consumes more energy? Science 179:179 – 187.

Taylor, C. R., Heglund N. C., McMahon, T. A., Looney, T. R. 1980. Energetic cost of generating muscular force during running. J. Experimental Biology 86:9 – 18.

Taylor, C. R., Shkolnik, A., Dmpel, R., Baharav, D., Borut, A. 1974. Running in cheetahs, gazelles, and goats: Energy cost and limb configuration. American J. Physiology 227:848 – 850.

Terhune, C. H., Jr., Fowler, D. R. 1978. Proposal for Development of Unmanned Remotely Controlled Vehicles to Assist in Mine Rescue and Recovery Operations, US Bureau of Mines, Department of Interior, Report 5020 – 84.

Todd, D. J., 1985. Walking Machines: An Introduction to Legged Robots. New York: Chapman and Hall.

Tomovie, R. 1965. On the synthesis of self – moving automata. Automation and Remote Control, 26.

Tomovic, R., Karplus, W. R. 1961. Land locomotion—simulation and control. In Third International Analogue Computation Meeting, Opatija, Yugoslavia, 385 – 390.

Tomovic, R., McGhee, R. B. 1966. A finite state approach to the synthesis of bioengineering control systems. IEEE Trans. Human Factors in Electronics 7:65 – 69.

Trkoczy, A., Bajd, T., Malezic, M. 1976. A dynamic model of the ankle joint under functional electrical stimulation in free movement and isometric conditions. J. Biomechanics 9:509 519.

Urschel, W. E. 1949. Walking Tractor. Patent Number 2,491,064.

Vukobratovic, M. 1972. Contributions to the study of anthropomorphic systems. Kibernetika 2.

Vukobratovic, M. 1973. Dynamics and control of anthropomorphic active mechanisms. In First Symposium on Theory and Practice of Robots and Manipulator Systems, A. Morecki, G. Bianchi, K. Kedzior (eds.). Amsterdam: Elsevier Scientific Publishing Co., 313 – 332.

Vukobratovic, M. 1975a. Legged Locomotion Robots and Anthropomorphic Systems. Belgrade: Institute Mihialo Pupin.

Vukobratovic, M. 1975b. Legged Locomotion Robots: Mathematical Models, Control Algorithms and Realizations, Beograd: M. Pupin.

Vukobratovic, M., Frank, A. A. 1969. Legged locomotion studies. In Advances in External Control of Human Extremities, M. M. Gavrilovic, A. B. Wilson Jr. (eds.). Belgrade: Yugoslav Committee for Electronics and Automation, 407 – 430.

Vukobratovic, M., Juricic, D. 1969. Contribution to the synthesis of biped gait. IEEE Trans. Biomedical Engineering BME – 16.

Vukobratovic, M., Okhotsimskii, D. E. 1975. Control of legged locomotion robots. Proceedings of the International Federation of Automatic Control Plenary Session.

Vukobratovic, M., Stepaneko, Y. 1972. On the stability of anthropomorphic systems. Mathematical Biosciences 14:1 – 38.

Vukobratovic, M., Frank, A. A., Juricic, D. 1970. On the stability of biped locomotion. IEEE Trans. Biomedical Engineering BME – 17.

Vukobratovic, M., Hristic, D., Stojoljkovic, Z. 1974. Development of active anthropomorphic exoskeletons. Medical and Biological Engineering 12:66 – 80.

Vukobratovic, M., Juricic, D.; Frank, A. A. 1970. On the control and stability of one class of biped locornotion systems, ASME Trans. Basic Engineering 328 – 332.

Waldron, K. J., Vohnout, V. J., Pery, A., McGhee, R. B. 1984. Configuration design of the adaptive suspension vehicle. International J. Robotics Research 3:37 – 48.

Wallace, H. W. 1942. Jumping Tank Vehicle. Patent Number 2,371,368.

Warren, W. H., Jr., Lee, D. N., Young, D. S. 1985. Visual control of running over irregular terrain. Unpublished report, Brown University.

Wetzel, M. C., Stuart, D. G. 1976. Ensemble – characteristics of cat locomotion and its neural control. Progress in Neurobiology 7:1 – 98.

Wetzel, M. C., Atwater, A. E., Stuart, D. G. 1976. Movements of the hindlimb during locomotion of the cat. In Neural Control of Locomotion, R. N. Herman, S. Grillner, P. S. Stein, D. G. Stuart (eds.). New York: Plenum Press.

Whitney, W. M. 1974. Human vs. autonomous control of planetary roving vehicles. In IEEE Symposium on Systems, Man and Cybernetics, Dallas, 1 – 4.

Williams, M., Lissner, H. R. 1962. Biomechanics of Human Motion. Philadelphia: W. B. Saunders Company.

Wilson, D. M. 1966. Insect walking. Annual Review of Entomology 11:103 – 121.

Wilson, D. M. 1967. Stepping patterns in tarantula spiders. J. Experimental Biology 47:133 – 151.

Winter, D. A., Robertson, D. G. E. 1978. Joint torque and energy patterns in normal gait. Biological Cybernetics 29.

Witt, D. C. A Feasibility Study on Automatically Controlled Powered Lower – limb Prosthesis. University of Oxford, Department of Engineering Science Report.

Wongchaisuwat, C., Hemami, H., Buchner, H. J. 1984. Control of sliding and rolling at natural joints. J. Biomechanical Engineering 106:368 – 375.

Yang, P. 1976. A Study of Electronically Controlled Orthotic Knee Joint Systems. Ph. D Thesis, The Ohio State University, Columbus, Ohio.

Zheng, Y. 1980. The Study of a Nine Link Biped Model with Two Feet. Ph. D Thesis, The Ohio State University, Columbus, Ohio.

Zheng, Y. 1984. Impact effects of biped contact with the environment. IEEE Trans. Systems, Man, and Cybernetics 14:437 – 443